别在该奋斗的年龄选择了安逸

端木自在 著

江西美术出版社
JIANGXI FINE ARTS PUBLISHING HOUSE

图书在版编目（CIP）数据

别在该奋斗的年龄选择了安逸 / 端木自在著 . -- 南昌 : 江西美术出版社 , 2017.7（2018.3 重印）
ISBN 978-7-5480-4034-7

Ⅰ . ①别… Ⅱ . ①端… Ⅲ . ①人生哲学 - 青年读物
Ⅳ . ① B821-49

中国版本图书馆 CIP 数据核字（2017）第 033418 号

出 品 人：汤　华
企　　划：江西美术出版社北京分社（北京江美长风文化传播有限公司）
策　　划：北京兴盛乐书刊发行有限责任公司
责任编辑：王国栋　陈　东　陈漫兮　楚天顺
版式设计：曹　敏
责任印制：谭　勋

别在该奋斗的年龄选择了安逸

作　　者：端木自在

出　　版：江西美术出版社
社　　址：南昌市子安路 66 号江美大厦
网　　址：http：//www.jxfinearts.com
电子信箱：jxms@jxfinearts.com
电　　话：010-82293750　　0791-86566124
邮　　编：330025
经　　销：全国新华书店
印　　刷：保定市西城胶印有限公司
版　　次：2017 年 7 月第 1 版
印　　次：2018 年 3 月第 2 次印刷
开　　本：880mm × 1280mm　1/32
印　　张：7
I S B N：978-7-5480-4034-7
定　　价：26.80 元

前 言

“青春”似乎总与“放纵”联系在一起。嬉皮文化，摇滚、嘻哈音乐，狂欢派对，泡酒吧、飙车……年轻人也似乎有多种“醉生梦死”的生活方式。

然而，多年以后，这些人才会发现，当初任性地放纵让自己的健康亮起了红灯，宝贵的时间在醉生梦死中流逝导致自己一事无成。而迷茫、颓废、悔恨时时萦绕在心头……“百川东到海，何时复西归。少壮不努力，老大徒伤悲。”“三更灯火五更鸡，正是男儿读书时。黑发不知勤学早，白首方悔读书迟。”“三十功名尘与土，八千里路云和月。莫等闲、白了少年头，空悲切。”几千年前的古人早就发出了警告，今人还不知醒悟?

年轻人就不应该在最能吃苦的年龄选择安逸!

当你看了新潮的都市影视剧，你觉得外企真好，可以出入高档写字楼，说着贼溜的英语，拿着让人眼红的薪水。

当你看到一条精妙的广告赞不绝口，你觉得做营销好潮，可以把握市场脉搏，纵情挥洒自己的创意。

当你看到一位销售人员满世界出差，在各种地方住五星级酒店，你觉得做销售好风光。

……

你疯狂地爱上了那种扬扬得意的状态，却不曾想到你日思夜想称之为梦想的状态，其实并不等于看到的那样简单。

他们所吃的苦，是早就开始每天只睡三个小时，从几年前的数据查到昨天，一点点地做着细致无比的分析。

他们所吃的苦，是为了去争取一个客户，和农民工挤在一辆卧铺大巴上，冒着被偷被抢被撞车的风险，一边发邮件，一边环顾周围诧异的眼神。

他们所吃的苦，是为了一套更合理更系统的管理方法，而不断地和各个领导去磨合、去询问、去思考；他所吃的苦，是为了签下一个大订单，自己一个人在他乡，看着别人世界中的团圆，装饰着自己的相思梦。

他们所吃的苦，是为了一个上市项目，在三天之内自学几十万字的材料，让自己在三天之内从一个门外汉变成一个行家。

他们获得了让人望尘莫及的荣耀，只因为他们是一些懂得吃苦的人，能够承担得起那种厚重的魅力。他们辛勤工作的身影，他们随时洋溢的才华，他们的一切禁得起岁月的推敲。

“当你不去拼一份奖学金，不去努力工作，不去旅行，不去冒险，不过没试过的生活，整天挂着QQ，刷着微博，逛着淘宝，玩着网游。干着80岁的人都能做的事，你要青春干吗？”你是否也曾被这句网传的流行语唤醒了心底那一丝早已沉寂的上进心？

如果老天善待你，给了你优越的生活，请不要收敛了自己的斗志；如果老天对你百般设障，更不要磨灭了对自己的信心和向前奋斗的勇气。

当你想要放弃了，一定要想想那些睡得比你晚、起得比你早、跑得比你卖力、天赋还比你高的牛人，他们早已在晨光中跑向那个你永远只能眺望的远方。

从现在开始，告别毫无意义的安逸，向更高、更美好的目标发起冲击。多年以后你会发现，你已经成了做梦都无法实现的自己！

目录

Part3 这个年龄，你要认识到的一些问题

Part4 这个年龄，你绝对不能浪费的东西

Part5 要让自己成为一个高素质的人

Part6 漫漫人生路，要找准自己前进的方向

Part1

二三十岁，是最不应该安逸的年龄

二三十岁的时候，是一个人一生中的黄金时代。这个时候，身体最好、头脑最灵活、不怕失败最有冲劲，也是人格、观念、习惯等最容易成型的时候。如果在这个年龄不珍惜、不努力，那么，我们的一生也就毫无光彩了。

>>> 二三十岁，是最有潜能的时候

二三十岁，是人生中精力最旺盛、思想最活跃的时期，也是最有潜能的时候。

世界潜能大师安东尼·罗宾曾说过这样一个真实的故事：美国人梅尔龙，19岁到越南打仗，被流弹打伤了背部的下半部分，经治疗后丧失了行走能力，从此靠轮椅生活。这样过了整整12年，那些日子实在难熬，他经常借酒消愁。有一次，他从酒馆回家，半路中碰上三个劫匪抢他的钱。他拼命挣扎的时候，劫匪放火烧着了他的轮椅，大火烧得他情不自禁地跳了起来，拼命地向前奔跑，跑的时候竟全然忘了自己是一个残疾人。事后，他说："当时如果不起来逃跑，就会被烧伤或者烧死。一着急我就忘了一切，并不记得自己已经整整12年没有下过地了。我拼命逃跑，及至停下脚步，才发觉自己的身体原来早已恢复。"从此，他丢掉了轮椅，正常地生活、工作。

实践证明，**二三十岁时的年轻人的潜能是无穷大的**。如果将人类的整个意识比喻成一座冰山的话，那么浮出水面的部分就是属于显意识的范围，约占意识的10%，换句话说，95%隐藏在冰山底下的意识就是属于潜意识的力量。

潜意识会依照我们心中所想的画面，构成真实事物。潜意识无法分辨事情是真还是假，一旦被接受，它终究要变成事实。只要有明确画面进入潜意识，潜意识立即想尽办法把这个画面转为事实。只要我们给予潜意识一个画面，它就会努力将它实质化。

如果我们的潜意识里充满悲观和绝望，它就会影响到我们自身的行动，带给我们消极失败的结果。

有一个名叫杰瑞的年轻人，一天下班后，他不小心被关在一个待修的冰柜车里。杰瑞在冰柜里拼命敲打着、喊着，全公司的人都走了，根本没

有人听得到。杰瑞的手掌拍得红肿，喉咙叫得沙哑，也没人理睬，最后只能颓然地坐在地上喘息。

第二天早上，公司的职员陆续来上班。他们打开冰柜，赫然发现杰瑞倒在地上，他们将杰瑞送去医院，可是，他已经没有生命迹象了。但是大家都很惊讶，因为冰柜的冷冻开关并没有启动，这巨大的冰柜也有足够的氧气，更令人纳闷的是，冰柜的温度一直是华氏61度，但杰瑞竟然给“冻”死了！

我们当然可以肯定杰瑞并不是死于冰柜的寒冷，而是死于他内心的冰点，他在潜意识里给自己判了死刑。所以，我们可以看出影响一个人成败的因素，不在于外界的环境，而在于自己的潜意识。如果能够积极地运用潜意识，则会达到意想不到的效果，甚至创造出奇迹来。

潜意识会依照我们心中所想的画面，构成真实事物。潜意识无法分辨事情是真还是假，一旦被接受，它终究要变成事实。只要有明确画面进入潜意识，潜意识立即想尽办法把这个画面转为事实。**只要我们给予潜意识一个画面，它就会努力将它实质化。**

但现在我们对于潜意识的开发也仅仅是冰山一角，就算是像爱因斯坦、达·芬奇、爱迪生这样卓越的天才人物，一生中也不过运用了他们潜意识力量的少部分。

潜意识大师摩菲博士说过：“我们要不断地用充满希望与期待的话，来与潜意识交谈。于是，潜意识就会让你的生活状况变得更明朗，让你的希望和期待实现。”

所以，不论聪明才智的高低、成功背景的好坏，也不论理想多么高不可攀，只要懂得善用这股潜在的能力，年轻的朋友们一定可以将自己的愿望在现实的生活中实现。

越努力越幸运

我们现在生活的一切，都是潜意识的真实反映。是潜意识中各种思想和观念，造就了现在的你。如果想要摆脱平凡，走向卓越，就要改变自己的潜意识，最大限度地发挥自己这股潜在的巨大能量。

>>> 二三十岁，是最不该辜负的年龄

托尔斯泰说，幸福的人都是幸福的，不幸的人各有各的不幸。人生的幸与不幸，全在我们自己手中。我们30岁以后过得好与坏，往往在于我们今天做些什么、这10年里做些什么。

20~30岁这10年，对每一个人来说，无疑都是最关键的，来不得半点儿闪失。**这10年将决定我们人生事业的雏形，为后半生的幸福与成败奠定一个基调。**

画坛巨匠齐白石从一个小木匠成长为画坛巨匠的人生之路，给人颇多启迪。世界画坛泰斗毕加索曾经说过："我不敢去你们中国，因为中国有个齐白石。"此言足见齐白石在世界画坛的不凡地位。

齐白石这个大画家，并不是从学院式的象牙塔中走出来的，而是从一个雕花木匠成长起来的。

齐白石小名阿芝，少年时体弱多病，由于家里贫穷，他只读了半年书就不得不辍学帮家里干农活和放牛。他父亲见齐白石体弱力小，难学田里农活，决定让他学木匠手艺。据说，他15岁时拜粗木作齐仙佑为师，齐仙佑嫌他力气小扛不动大檩条，3个月后把他辞退回家。他接着再拜另一个粗木作齐长龄为师。后经齐长龄推荐，他16岁时转拜雕花木匠周之美为师，学小器作。身怀绝技的周之美对这位徒弟倾注了全部的心血，把全部雕花技艺都教给了他，齐白石从此开始了雕花木匠的生涯。由于他干活勤快、刀法娴熟、善于创新，他的手艺渐渐超过了师傅周之美，成为当地有名的"芝木匠"。

然而，齐白石并没有感觉到多大的喜悦，他不甘心只是做一个木匠，他有更高的追求。20多岁的时候，他在一个姓蔡的书香人家做雕花木活时，借到一部乾隆年间刻印的彩色《芥子园画谱》。他非常兴奋，决定把这本画册变成自己的宝贝。于是他白天干活，晚上在油灯下用薄竹纸勾

影，染上色，用了半年时间，临摹了上千张手稿，钉成16本。从此，他做雕花木活，便以画谱为据，为雕花做各种各样的新样式，他的雕花技艺实现了飞跃。

26岁时，齐白石经好友齐公甫介绍见到了纸扎匠出身的湘潭画像第一名手萧芗陔，在吴道子的画像前举行了齐白石的拜师仪式。萧芗陔又介绍他认识了当地著名画家文少可。在萧芗陔和文少可两位老师的精心教育下，他开始正式学习画笔的选择、墨与颜料的调制和性能等绘画的基础知识，学习“以形写神”的技法。

27岁时，被称为“寿三爷”的湘潭著名画家胡沁园看到他的画，起了爱才之心，正式收他为学生，让他到竹冲韶塘自己家里住下专心学习。拜胡沁园为师是齐白石一生中的最大转折点。胡沁园又介绍他跟续聘在胡家的湘潭名士陈少蕃学读书、写诗。两位老师为齐白石取名“璜”，取号“濒生”，取别号“白石山人”。又介绍他向谭溥（号荔生）学习山水画，并鼓励他“一面读书学画，一面卖画养家”。在胡沁园的极力推荐和提携下，找他来画像的人越来越多，他逐渐扔掉了做木匠的斧锯，改行专做画匠。

读万卷书不如行万里路。齐白石还应朋友之约远游，六出六归，历时8年，历经湖南、湖北、河南、河北、北京、陕西、江西、安徽、江苏、广东、广西等省市，走过很多江河湖海，探访过许多名山大川、寺庙古迹，饱览名山大川，广结当世名人。这次六出六归，对他之后的创作奠定了丰厚的生活素材。

1917年，55岁的齐白石为避家乡兵匪之乱，只身赴京卖画、刻印为生，在1919年正式在北京定居。齐白石在北京结交的挚友、画坛大师吴昌硕的高足、著名大写意画家陈师曾力劝齐白石改变以前的画风，用“画吾自画自合古”来激励他自创一格，并把他恩师吴昌硕的作品拿出来给齐白石看，让他慢慢研究。齐白石听从了陈师曾的劝告，努力改变画风，他追求“画妙在似与不似之间，太似则媚俗，不似则欺世”，以其纯朴的民间艺术风格与传统的文人画风相融合，不仅扩展了文人画表现的题材，而且也更新了文人画的艺术境界，形成独特的大写意国画风格，开创了具有时代精神和生活气息的写意花鸟画新篇。他的作品以写意为主，笔墨奔放，奇纵雄健，富有变化，善于把写意花卉与写生虫鱼巧妙结合，画面生机蓬勃，雅俗共赏，独树一帜，达到了中国现代花鸟画的最高峰。自此，他被画界推上了与吴昌硕并驾齐驱的崇高地位，并称为“南吴北齐”。

齐白石从乡村木匠成为大画家，是他自年轻时就不倦追求、不断进取的结果。他尽管没有进过美术学堂，但善于在实践中学，向周围画家们学，并广揽众长，融会贯通，终成大器。

网络上有一句话非常流行：**“别在最该奋斗的日子，选择了安逸。”**你想要好成绩，但是你不努力学习；你想要富裕的生活，但是你不去拼搏奋斗；你想要健康的身体，但你没能坚持锻炼；你想要称心如意的生活，但从未真正改变过自己。如此，便也无须抱怨自己不够成功、不够风光。毕竟，只有你尽力了，才有资格说自己运气不好。

锦瑟流年，花开花落，岁月蹉跎匆匆过，而恰如同学少年，在最能学习的时候你选择恋爱，在最能吃苦的时候你选择安逸，自是年少，却韶华倾负，再无少年之时。错过了人生最为难得的吃苦经历，对生活的理解和感悟就会浅薄。

什么叫吃苦？当你抱怨自己已经很辛苦的时候，请看看那些透支体力却依旧食不果腹的劳动者。在办公室里整整资料能算吃苦？在有空调的写字楼里敲敲键盘算是吃苦？认真地看书、学习，算吃苦？如果你为人生画出了一条很浅的吃苦底线，就请不要妄图跨越深邃的幸福极限。

在你经历过风吹雨打之后，也许会伤痕累累，但是当雨后的第一缕阳光投射到你那苍白、憔悴的脸庞时，你应该欣喜若狂，并不是因为阳光的温暖，而是在苦了心志、劳了筋骨、饿了体肤之后，你毅然站立在前进的路上，做着坚韧上进的自己。其实你现在在哪里，并不是那么重要。只要你有一颗永远向上的心，你终究会找到那个属于你自己的方向。

越努力越幸运

请不要在最能吃苦的时候选择安逸，没有人的青春是在红地毯上走过，既然梦想成为那个别人无法企及的自我，就应该选择一条属于自己的道路，为了到达终点，付出别人无法企及的努力。

>>> 不要辜负头脑最活跃的时候

二三十岁的时候，是人的一生中头脑最为活跃的时候，各种奇思妙想层出不穷，什么都敢想，也是最不想遵守常规的时候。因此，这个时候选择了安逸，就注定以后头脑会僵化，再也不会思考了。

首先，不要让我们的思维僵化。

思维对一个人的发展来说，是至关重要的，它决定了我们对待自我、对待世界的态度。思维可以说是对于我们所能感知的世界的一个认知缩写，无论这个认知正确与否。

思维不仅面对世界，还面对自我，那么心灵地图大致上也可分为两大类：一是关于现实世界的，这就是我们的世界观；二是有关个人价值判断的，这就是我们的价值观。我们以这些心灵的地图诠释所有的经验，但从不怀疑地图是否正确，甚至于不知道它们的存在。我们理所当然地以为，个人的所见所闻就是感官传来的信息，也就是外界的真实情况。我们的态度与行为又从这些假设中衍生而来，所以说，世界观和价值观决定一个人的思想与行为。

自我是在不断发展的，世界也是在不断进步的，而对于这个年龄的年轻人来说，**我们行动的世界观和价值观应该不断地完善与进步，要随时随地来完善我们的心灵地图**。

我们的思维从童年就已开始发展，经过长期的艰苦努力形成了一个认识自我和世界的自我思维方式，形成了一幅表面上看来十分有用的心灵地图。我们要按这幅地图去应对生活中的各种坎坷，寻找自己前进的道路。

但是未必有了心灵地图就有了正确的行动。如果这幅地图画得很正确、也很准确，我们就知道自己在哪个位置上；如果我们打算去某个地方，就知道该怎么走。如果这幅图画得不对、不准确，我们就无法判断怎么做才正确，怎样决定才明智，我们的头脑就会被假象所蒙蔽，因为这幅图是虚假的、错误的，我们将不可避免地迷失方向。

我们不能一辈子就带着这一幅“地图”，我们应该不断地描绘它、修改它，力求准确地反映客观现实。前人诗云：“流水淘沙不暂停，前波未灭后波生。”我们必须要下功夫去观察客观现实，这样画出来的“地图”才能尽可能准确。但是，很多人过早地停止了描绘“地图”的工作，他们不再汲取新的信息，而自以为自己的“心灵地图”完美无缺。这些人是不幸的，而且是可怜的，所以他们多半有心理问题。

只有幸运的少数人能自觉地探索现实，永远扩展、冶炼、筛选他们对世界的理解，他们的精神生活也丰富多彩。所以，我们要不断地修改这幅反映现实世界的“心灵地图”，要不断地获取世界的新信息。如果新信息表明，原先的“地图”已经过时，需要重画，就要不畏修改“地图”的艰难，勇敢地进行自我更新。

其次，珍视自己的奇思妙想。

这个年龄的年轻人，各种各样的想法层出不穷。最好是养成习惯，有了好的想法随时记录下来，错过了，就是最大的遗憾。因为有些好想法就是我们做事的思路，它能帮助我们解所疑惑的问题。年轻人要养成随时记录想法的习惯，这样可以抓住很多机会，不让自己留有遗憾。

李刚是一个特别细心的人，平时很喜欢弄点小发明和小制作，在学校里，大家都知道他的厉害，所以同学们送他外号“小爱因斯坦”。

虽然李刚在发明方面特别优秀，可是，每次到做实验的时候，总是进行得不顺利，每每进行到一个关键的步骤，就进行不下去了。

这到底是什么原因呢？他自己也搞不懂。

一天做实验，又出现了同样的问题，于是李刚向班主任王老师说了自己的疑惑。王老师问他：“你平时口袋里会随时装着笔和纸吗？”

李刚连忙摇摇头道：“那多麻烦呀！”

王老师又问：“那你每次做实验想到什么好方法都记录在哪里呢？”

李刚不好意思地笑道：“我没有特别记下来的时候，不过有好多次是过一会儿就忘了。”

王老师笑着说：“你的问题就出在这里，灵感虽然随时都会产生，但是，不及时抓住的话，它们很快就会跑掉，所以，一定要养成一个好习惯——随时把想到的好方法记录下来。”

李刚听了王老师的一番话，这才醒悟过来，原来灵感是需要我们随时把握、随时记录的。这样，才能真正把灵感利用到实践中去。不然，再好的想法也会白白地浪费掉。

如果身边备一支笔，随时记录下你的想法，不但可以帮助你抓住和巩固记忆，还可以帮我们把有用的知识和感悟储存起来，以备不时之需。介绍以下几个方法来随时记录自己的想法。

（1）在看电视或听广播时，有自己特别感兴趣的内容，也应该立即记录下来，时间久了，这些知识就变成自己的了。

（2）要留心观察生活、勤于思考。每天生活里都会发生许多事，不用心观察，可能许多事做一半也就不了了之了。

（3）在做题时，如果一时想不起某一个步骤时，我们可以把自己已经完成的部分和思路先写下来，没事的时候拿出来看看，也许答案就会自己蹦出来。

（4）身上随时带着纸笔，这样在灵感到来的时候，我们才能及时捕捉住。

（5）用日记记下生活的感受。就像走进大自然一样，写日记是启迪心灵的灵丹妙药。可以在日记中倾诉衷肠，烦恼、困惑的时候看看自己以前的日记，能帮助我们清醒头脑、找回自我。

再次，这个年龄是好奇心最强的时候。

在历史上大凡有成就的人，都有一颗好奇的心、进取的心。

被世人称为“发明大王”的爱迪生，是美国著名的科学家和发明家。他的一生，仅是在专利局登记过的发明就有1328种。一个只读过三个月书的人，怎么会有这么多发明创造呢？就是因为他对一切都充满好奇，他的成功源于强烈的好奇心。

1847年，爱迪生出生在美国俄亥俄州米兰市的一个商人家庭里。很小的时候，爱迪生就显露出了极强的好奇心，只要看到不明白的事情，他就抓住大人的衣角问个不停，老爱问这问那：“这是什么呀？”“那是什么呀？”大家都知道他是个爱动脑筋的好孩子。

爱迪生8岁的时候，父母把他送进了一所乡村小学读书，以为从此以后他能安安分分上学了。可谁知，他仍然爱追根究底，经常把老师问得目瞪口呆，窘迫不堪。有一回上算术课，老师在黑板上写下了“2＋2=4”，爱迪生马上站起来问：“老师，2加2为什么等于4呢？”这个问题把老师问住了，他认为爱迪生是个捣蛋鬼，专门和老师闹别扭。于是，在上了三个月的课以后，爱迪生就被老师赶回家了。

长大了的爱迪生，学会了无线电收发报技术。他在斯特拉得福铁路分局找到了一个夜班报务员工作。按规定，夜班报务员不管有事无事，到晚上9点后，每小时必须向车务主任发送一次信号。爱迪生为了晚间休息好，白天能钻研发明创造，就设计了一个自动按时拍发信号的机器，这就是电报机的雏形。没过多久，他又对电报机进行了改进，经过多次试验，一架新式的发报机试制成功了。

历史上无数科学家的成长经历告诉我们，在科学上有所成就的人，都是对常见的事物保持好奇心的人。只有在日常现象中，看出不一样来，然后一直研究下去，最终就会获得成功。好奇心就好比一粒种子，没有种子就长不出参天大树，没有好奇心的人也不可能有所发明，有所创造。种子播种在黑土里以后，经过人们的浇灌、培育，会逐渐地破土而出，由小苗长成栋梁。有了好奇心，再加上汗水和心血，就一定能够使你成为有用之才。

最后，这个年龄的人最喜欢打破常规。

不寻常的人走的一定是不寻常的路，在寻常路上走着的基本都是寻常人。经验告诉我们：想众人都能想的问题，做众人都能做的事情是很难获得成功的。

某集团企业要招聘一位主管策划副总。由于薪水高，前来应聘的人员很多。有位应届大学毕业生也前往应聘。当他赶到现场时，招聘人员发给他的是45号。没有办法，只好等着。但是，他想到这样干等，等来的不一定是好结果。过去常听人家说“被动就要挨打”，还是主动出击的好。随后，他认认真真地写了一行字，折叠起来让人传了进去。应聘的人们还以为有人走后门写什么条子，都用鄙视的目光窥探着。谁知，当主考官接到条子后，笑了，旋即向应聘的人群说：“我刚接到一张条子，我给大家念一下：尊敬的主考老师，请您不要在没见到45号之前做出用人的决定。谢谢！”

主考官接着说：“我们集团要寻求的，就是这位创新的人才！”这时，应聘的人们知趣地散开了。45号青年如愿地获得了这份工作。

一直以来，我们常常都习惯于按常规办事，走流程，讲程序，墨守成规。但往往按照平常的思路，总是不容易成功的。有时，大家喜欢研究复杂的问题，但恰恰是最简单的道理，却少有人去品味。其实，人与人之间的智商都差不多，谁也不比谁聪明多少。但是，要学习创新地经营自己，采用创新的思维、创新的方法、创新的行动，不走寻常路，往往更容易成功。

越努力越幸运

年轻人一定要让头脑灵活起来，人的头脑像人的身体一样，人越勤快，身体越健康；头脑越用越灵活，越灵活越有效率。

>>> 不要辜负最积极热情的时候

年轻最可贵，热情最可贵，努力追求自己想要的成功，努力追求自己想要的生活，热情可以感染周围的一切，也可以感染自己。

首先，二三十岁是人生中心态最积极的时候。

一位伟人曾说过："广大青年是中国社会最积极、最活跃、最有生气的一支力量，是值得信赖、堪当重任、大有希望的一代。"

自古英雄出少年。知道马克思、恩格斯、达尔文、爱因斯坦、李振道、杨振宁等人物在二三十岁时都有什么杰出的表现吗？

1848年，当《共产党宣言》在英国问世，揭示共产主义运动成为不可抗拒的历史潮流时，起草这份宣言的共产主义革命导师马克思刚满而立之年，而恩格斯不过28岁。

17世纪下半叶，英国大科学家牛顿和德国数学家莱布尼茨分别在自己的国度里独自研究和完成了微积分的创立工作。22岁的牛顿从运动学考虑研究微积分，而28岁的莱布尼茨则侧重于几何学。

1809年出生的达尔文，于1831年从剑桥大学毕业。当年22岁的他，以博物学家的身份参加了同年12月末英国海军"小猎犬号"舰环绕世界的科学考察航行。航行时间长达五年，先在南美洲东海岸的巴西、阿根廷等地和西海岸及相邻的岛屿，然后跨太平洋至大洋洲，继而越过印度洋到达南非，再绕好望角经大西洋回到巴西，最后于1836年10月2日返抵英国。在这次航行中，达尔文在动植物和地质方面进行了大量的观察和采集，经过综合探讨，形成了生物进化的概念，并于1859年出版了震动当时学术界的《物种起源说》。

1895年，16岁的爱因斯坦在了解到光是以很快速度前进的电磁波后，产生这样的想法："如果一个人以光的速度运动，他将看到一幅什么样的世界景象呢？"10年后，26岁的爱因斯坦提出狭义相对论。又过了11年，

37岁的爱因斯坦提出广义相对论。相对论的提出，构建起崭新的物理学大厦。

年轻人的生活态度更加积极。他们对一切东西都充满强烈的渴望：干报酬更多的工作，在职场上取得成功，享受当下的生活……而且他们坚信，**依靠自身力量一切目标都可以达到。**

其次，年轻时是最有胆识的时候。

我们经常称赞英雄人物很有胆气，称赞成功人士具有远见卓识。从众多的成功人士来看，大凡取得一定成就的人都是既有胆量又有学识的年轻人。

比尔·盖茨当年放弃大学学业创建微软，是一种建立在高瞻远瞩基础上的“胆大”，他深知眼前的机会稍纵即逝，而自己的学识已经足够把握这次机会。正是盖茨的正确抉择、勇于实践才成就了今天的微软。

年轻人容易获得成功，一是不因循守旧，墨守成规；二是善于思考，勇于开拓；三是诚实守信，心胸开阔。这些优秀的素质在一次不经意的考验中被尽情地释放出来。

能够取得成功的人，都是“胆大”的结合体。当然，“胆”要用对地方，“识”要及时转化、运用成为智慧，不断超越自我。胆大，也要求我们对自己有信心，对认准的目标有大无畏的气概，怀着必胜的决心，主动积极地争取。

最后，年轻时最容易养成好习惯。

20多岁的人是生理心理开始发育走向成熟的时期，是从儿童向成人过渡的时期。有一位作家，曾描述“他们是刚刚升起的太阳”。在这个黄金时期，个人的思想逐步形成，接受外界的影响也日益增多，自我行为有了相当的独立性。对于年轻人来说，要成就学业、事业，要拥有美好人生，必须养成一种好的习惯，找到打开生活迷宫的钥匙，顺利走进这人生重要的关口。

习惯可以造就人，有什么样的习惯，就会成为什么样的人。习惯是具有惯性的，年轻时期，特别是在青少年时期养成的习惯，对于今后的学习、生活有着极大的影响。它会在不知不觉中，经年累月地影响着每一个人的品德，暴露出我们的本性，左右着我们的成败。所以，我们要趁着这个黄金时期，培养我们的好习惯。我们越早有个好习惯，就越早避免坏习惯的滋生，那么人生道路上的绊脚石就不会越来越多。

在一次诺贝尔奖得主的聚会上，有一位记者问一位科学家："请问您在哪所大学学到您认为最重要的东西？"这位科学家平静地说："在小学。""在小学学到了什么？""学到热爱读书、适应老师、做错事要道歉，学会了自信……"

这位科学家出人意料的回答，说明了少年时期养成的良好习惯对人的一生具有决定性意义。中国古话有云："三岁看大，七岁看老。"其含义之一就是从儿时的习惯可以推测未来，好习惯能够造就人。所以说，对于广大的年轻人来说，要想在不久的将来实现自己的梦想，要想做一名成功人士，创造卓越的成就，就必须从培养良好的个人习惯入手。

越努力越幸运

年轻人正是风华正茂，刻苦学习、工作的大好时机，付出的努力和取得的成绩，定会得到大家的认可和赞赏，也会得到相应的回报。现在就开始积极热情地生活吧，它会使我们不断强大，辉煌的人生就在顷刻之间美丽绽放。

>>> 警惕，年轻人最容易放纵自己

20多岁的年轻人涉世未深，面对花花世界里的各种诱惑，很容易放纵自己。

小邓是家中独子，加上家境殷实，从小被家人溺爱，想要什么几乎都能得到满足，所以养成了自傲任性的性格。20岁时职高毕业，家人为他安排了一份不错的工作。但上班不久，他感觉工作枯燥无味，于是不顾家人劝阻，辞职离开了单位。

辞职后，在家人资助下，小邓与朋友合伙开了一间舞蹈工作室。开业初期，生意比较红火，也赚了一些钱，但小邓开始接触一些不良朋友。

一次，一个朋友在KTV包厢里拿出一包“白色晶状物”(K粉)，几个人趴在一起吸食。“几名吸食K粉的朋友好兴奋，玩得很开，跳得很疯狂。我觉得他们很时尚。”小邓说。

在朋友的引诱下，小邓忍不住尝试着吸食了一次。后在朋友不断怂恿下，他继续吸了第二次、第三次、第四次直至染上毒瘾。

染上毒瘾后，小邓经常邀朋友一起购买毒品，聚在一起吸食，人也迅速萎靡和消瘦。因为没有精力顾及工作，舞蹈工作室很快关门了。他的积蓄被挥霍一空，没有了收入来源，除了向父母要钱外，还到处向亲朋借钱，很快朋友同学与他疏远了关系。

后来，小邓因为盗窃被关进了监狱。他悔恨不已，告诫年轻人：“如果当初不吸毒，我已经娶妻生子，我的舞蹈工作室也会越做越好。但这一切都被毒品毁了。年轻的朋友们，无论面临怎样的诱惑，请记住：永远不要放纵自己！”

年轻人面对的最大敌人是谁？或许有很多种答案，有的人说是竞争对手，有的人说是自然条件，有的人说是金钱……其实这些都不是最重要的，最大的敌人就是你自己。**如果你能控制自我的话，那么其他敌人就会**

变得微不足道了。但又有几个人能做得到呢？更多的人是在纵容自己的缺点，任它阻挠自己前进的脚步，这样最终的结局就是毁了自己的一生。

那么，“纵容自己”指的是什么？

1. 纵容自己的怠惰

有人是天生怠惰，这种人没什么好说的，因为他根本没有改变怠惰的自觉性，谈了也是白谈。有人则是属于特定条件下的怠惰，例如长久工作后所产生的无力、无心再工作的心理性怠惰，以及高压力下所引起的反弹式怠惰。除了天生怠惰，任何形式、原因的怠情都是可以理解与接受的，因为这是一种放松，一种自我治疗。但若纵容这种怠惰的情况存在，甚至沉溺于怠惰，则危机必伴之而生，除了本身的退化之外，也给外敌以可乘之机。

2. 纵容自己的弱点

人都有弱点，有些弱点是先天的，无法矫正，但性格上的弱点却可以人为地去矫正。例如好色、好赌等这些致命性的弱点，你如果不愿坦诚面对，尽力节制，而纵容自己在这些方面寻求满足，那么将予人以可乘之机，最终使自己堕落。

3. 纵容自己的安逸需要

人都是好逸恶劳的，但安逸和危机是双胞胎，如果耽于安逸而不做危机思考，或贪图安逸而逃避问题，则麻烦必至。“生于忧患，死于安乐。”古人之言，今人仍不可不信！

4. 纵容自己的欲望

满足欲望是人性，但不论有无满足欲望的条件，纵容自己的欲望绝不是件好事，因为这将使你失去理智，模糊你追求的目标，于是险诈至矣！

5. 纵容自己的情绪

放纵喜怒哀乐的情绪，除了会影响别人的情绪之外，也会改变别人对你的态度。尤其是“怒”的情绪，这是一把利剑，很容易伤人。除了会使你的人际关系产生变化之外，也会因别人不愿冲犯你，故不愿提供给你可靠的信息，使你对周围环境的认识产生扭曲，失去判断的准确性。

越努力越幸运

那些能取得成功的人士，就因为他们永远不会纵容自己，他们总是不断地反省，永远地自律。所以，在社会中他们往往是胜利者，因为他们先战胜了自己！

>>> 经不起诱惑，就得不到快乐

在开始正题之前，先讲一个故事。

有座山，山里有一个神奇的洞，里面的宝藏足以使人终生享用不尽。但是这个山洞一百年才开一次。有一个人无意中经过那座山时，正巧碰到百年难得的一次洞门大开的机会，他兴奋地进入洞内，发现里面有大堆的金银珠宝，他急忙快速地往袋子里装。由于洞门随时都有可能关上，他必须尽快离开。

当他得意洋洋地装了满满一袋珠宝后，神色愉快地走出了洞口，出来后却发现帽子忘在里面了，于是他又冲入洞中，可惜时刻已到，他和山洞一起消失得无影无踪。

故事很简单，却耐人寻味。

经不起诱惑的人，被欲望牵引，欲望无边，贪婪无边。

经不起诱惑的人，是欲望的奴隶，他们在欲望的驱使下忙忙碌碌，不知所终。

经不起诱惑的人，常怀有私心，一心算计，斤斤计较，却最终一无所获。

古语说："人为财死，鸟为食亡。"人不能没有欲望，不然就会失去前进的动力，但人却不能贪婪，因为贪欲是个无底洞，你永远也填不满。前苏联教育家马卡连柯曾经说过："人类欲望本身并没有贪欲，如果一个人从烟雾弥漫的城市里来到一个松树林里，吸到清新的空气，非常高兴，谁也不会说他消耗氧气是过于贪婪。贪婪是从一个人的需要和另一个人的需要发生冲突开始的，是由于必须用武力、狡诈、盗窃，从邻人手中把快乐和满足夺过来而产生的。"

一个穷人会缺很多东西，一个经不起诱惑的人却是什么都会缺！

贫穷的人只要一点东西，就可以感到满足，奢侈的人需要很多东西也可满足，但是经不起诱惑的人却需要一切东西才能满足。所以**经不起诱惑的人总是不知足，他们天天生活在不满足的痛苦中**。经不起诱惑的人想得到一切，但最终两手空空。

有一则寓言：

上帝在创造蜈蚣时，并没有为它造脚，但是它可以爬得和蛇一样快速。有一天，它看到羚羊、梅花鹿和其他有脚的动物都跑得比它还快，心里很不高兴，便嫉妒地说："哼！脚愈多，当然跑得愈快！"

于是，它向上帝祷告说："上帝啊！我希望拥有比其他动物更多的脚。"

上帝答应了它的请求。他把好多好多脚放在蜈蚣面前，任凭它自由取用。

蜈蚣迫不及待地拿起这些脚，一只一只地往身上贴去，从头一直贴到尾，直到再也没有地方可贴了，它才依依不舍地停止。

它心满意足地看看满身是脚的自己，心中暗暗窃喜："现在，我可以像箭一样地飞出去了！"但是，等它一开始要跑步时，才发觉自己完全无法控制这些脚。这些脚噼里啪啦各走各的，它得全神贯注，才能使一大堆脚不致互相绊跌而顺利地往前走。这样一来，它走得比以前更慢了。

蜈蚣因为经不起走得快的诱惑，想拥有更多的脚，结果却适得其反，脚反倒成了束缚它行动的绳索，代价可谓惨重。

越努力越幸运

《圣经》上曾经说过，如果你赚得了整个世界，却丧失了自我的生命，那你是多么不合算啊！贪婪得来的东西，永远是人生的累赘。经不起诱惑的人，永远也不会觉得快乐。

>>> 业精于勤荒于嬉，行成于思毁于随

古人云：“业精于勤荒于嬉，行成于思毁于随。”在生活中，许多青少年，他们看到一部文学作品在社会上引起强烈反响，就想学习文学创作；看到电脑专业在科研中应用广泛，就想学习电脑技术；看到外语在对外交往中起重要作用，又想学习外语……由于他们对学习的长期性、艰巨性缺乏应有的认识和思想准备，只想“速成”，一旦遇到困难，便失去信心，打退堂鼓，最后哪一种技能也没学成。

一个屡屡失意的年轻人觉得在工作单位很没面子，单位领导并没有给他重要的岗位去锻炼，也没有提拔他的迹象……于是他决定外出寻求指点。他千里迢迢来到普济寺，慕名寻到老僧释圆，沮丧地对他说：“人生总不如意，活着也是苟且，有什么意思呢？”

释圆静静地听着年轻人的叹息和絮叨，末了才吩咐小和尚说：“施主远道而来，烧一壶温水送过来。”

不一会儿，小和尚送来了一壶温水。释圆抓了茶叶放进杯子，然后用温水沏了，放在茶几上，微笑着请年轻人喝茶。杯子冒出微微的水汽，茶叶静静浮着。年轻人不解地询问：“宝刹怎么用温水沏茶？”

释圆笑而不语。年轻人喝一口细品，不由得摇摇头：“一点茶香都没有呢。”

释圆说：“这可是闽地名茶铁观音啊。”

年轻人又端起杯子品尝，然后肯定地说：“真的没有一丝茶香。”

释圆又吩咐小和尚：“再去烧一壶沸水送过来。”

又过了一会儿，小和尚便提着一壶冒着浓浓白汽的沸水进来。释圆起身，又取过一个杯子，放茶叶，倒沸水，再放在茶几上。年轻人俯首看去，茶叶在杯子里上下沉浮，丝丝清香不绝如缕，望而生津。年轻人欲端杯，释圆作势挡开，又提起水壶注入一线沸水。茶叶翻腾得更厉害了，

一缕更醇厚更醉人的茶香袅袅升腾，在大禅房弥漫开来。释圆这样注了五次水，杯子终于满了，那绿绿的一杯茶水，端在手上清香扑鼻，入口沁人心脾。

释圆笑着问："施主可知道，同是铁观音，为什么茶味迥异吗？"

年轻人思忖着说："一杯用温水，一杯用沸水，冲沏的水不同。"

释圆点头："用水不同，则茶叶的沉浮就不一样。温水沏茶，茶叶轻浮水上，怎会散发清香？沸水沏茶，反复几次，茶叶沉沉浮浮，释放出四季的风韵：既有春的幽静、夏的炽热，又有秋的丰盈和冬的清冽。世间芸芸众生，也和沏茶是同一个道理，也就相当于沏茶的水温不够，想要沏出散发诱人香味的茶水不可能；你自己的能力不足，要想处处得力、事事顺心自然很难。要想摆脱失意，最有效的方法就是苦练内功，提高自己的能力。"

年轻人茅塞顿开，回去后刻苦学习，虚心向人求教，不久就引起了单位领导的重视。

水温够了茶自然香，功夫到了自然成。历史上凡有所建树的人，往往都是很勤奋专一的人。任何一项成就的取得，都是与锲而不舍分不开的，只要功夫做到家，自然能获得成功。

越努力越幸运

自古以来那些有成就的人都离不开一个"苦"字。吃得苦中苦，方为人上人。宝剑锋从磨砺出，梅花香自苦寒来。人生的大道上荆棘丛生，生活之路上烽烟滚滚，只有意志坚强而勤奋吃苦的人，才可以在笑中到达目的地。

Part2

苦才是人生，没有谁会一帆风顺

生活是美好而沉重的，人生也是有苦又有乐，丰富多彩而又艰难曲折。我们每个人总是避苦求乐的，希望快乐度过每一天是所有人的愿望。但生活本身就充满酸甜苦辣，快乐和痛苦本是同根生。所以，人生大多数都是痛苦的时候多，而快乐的时候少。

>>> 苦是生命轮回的本质

我们生下来注定是要受“苦”的，人人脸上都写着一个“苦”字。学生要“苦学”，做事的人要“苦干”，宗教家要“苦修”，音乐家要“苦练”，一切活动都要经历苦的过程，然后才能获得相应的回报、收获、成绩、成功的果实。

从情感上讲，痛苦是人人所厌恶的。肉体上的痛苦，或者使人疼痛难忍，或者给人的生活带来诸多不便。精神中的痛苦较之肉体上的痛苦，更加难以忍受。它或者是自我的谴责，无尽的悔恨，痛不欲生；或者是感到成功的艰难，怀疑成功的意义和价值；或者是处于一种难堪的境地，进退不得，左右为难；或者是受到外来的压力，使人感到没有任何前途；或者是心中不平，使人备感不公。诸如此类的痛苦，无时无刻不在充斥着我们的精神，挑战着我们的耐心和毅力、信念和勇气。

没有人喜欢痛苦，所有人都希望寻找到一种解脱痛苦的秘方让自己一劳永逸，或者到一个世外桃源的地方离苦得乐。但是，成功没有捷径，快乐也没有仙方。要想避免痛苦，战胜痛苦，先要学会看待痛苦。

从理性上看，痛苦并不尽是成功的仇敌，不要把它视为绝对的恶。我们不妨将那些必然的、不可避免的痛苦，视为争取幸福的过程中不可缺少的动力。

吃得苦中苦，方为人上人，正是得益于痛苦的鞭策，才成就了不同的精彩人生。

一个人要活得健康、幸福，就要吃苦耐劳。功成名就的人是令人羡慕的，但其成功也是尽了努力吃了多少难以言状的苦头换来的，而非时来运转，一时交了好运的缘故。所以，我们不论做什么事、经营什么事业或在任何工作岗位上，都要努力吃苦。

苦是人生的必经阶段，也是生命轮回的本质。

无论是豪富还是乞丐、农夫还是诗人、男人还是女人，当面对伤痛、失落、艰辛的时候，每个人所承受的折磨是一样的。不必唉声叹气，不必怨天尤人，生、老、病、死或其他不幸，都是人生的必经阶段。

佛教曾概括人间有七苦：生、老、病、死是苦，求不得、怨憎会、爱别离也是苦。

老、病、死自然是苦的，生为什么也是一苦呢？金庸先生说，一个人只要认真地生活，就会遇到许多麻烦与苦恼。另外三苦，金庸先生说得意味深长。一为求不得，你一心想追求的东西（包括金钱、荣誉、地位），尽管费心费力，却始终是可望而不可即。二为怨憎会，俗称冤家会，有的人生性凶悍奸恶，言辞刻薄，工于心计，对这种人避之唯恐不及，偏偏他是你的同事，或不幸成为你的伴侣，怎么办？你必须忍耐。三为爱别离，一个人一生要遇到一个倾心相爱的人很不容易，遇到了却要分手，岂不叫人肝肠寸断痛彻肺腑？

人间七苦，我们每个人都可能遇到。生活是一杯苦咖啡，香醇中掺杂苦涩。人活着就要接受许多挑战，要面对许多难题，所以生活的本质是苦。

从另一个角度来看，苦是一种警讯，它告诉自己有了难题，有了危险和困境。如果自己不愿意正视它，设法解决眼前的难题，那些难题就会累积重叠，结构成更严重的困境，集合成更巨大的痛苦，导致生活的溃败。所以每个人都必须设法消除困境，解决问题，才能够泯灭痛苦。

没有吃不了的苦。人们忍受苦难的能力，是非常大的。不论有多么大的困苦，都可以千方百计去克服。忍耐过痛苦之后，就一定会赢得掌声、成功和幸福。

越努力越幸运

生命年轮在不断地旋转着。如果它今天带给我们的是悲哀，明天它将为我们带来喜悦。

>>> 苦才是人生，要学会正视痛苦

人生在世，虽然只有短短几十年，却要经历各种好事、坏事，尝遍酸甜苦辣。

生活是美好而沉重的，人生也是有苦又有乐，丰富多彩而又艰难曲折。我们每个人总是避苦求乐的，希望快乐度过每一天是所有人的愿望。但生活本身就充满酸甜苦辣，快乐和痛苦本是同根生。所以，人生大多数都是痛苦的时候多，而快乐的时候少。

古代哲学家说过："凡是存在的，都是合理的。"生活中的一切，无论是苦难还是芬芳，烦恼还是快乐，都有其存在的理由，我们无法回避，无法选择，只能用心对待，直面视之。只有这样，才能真正体味到生活的美好滋味。正如有的人喜欢吃酸，但如果整天让他吃酸的话，恐怕几天下来他就要叫苦不迭，见酸后退了。生活也一样，我们祈求天天交好运，但如果整天把自己泡在蜜罐里，也就感觉不到快乐了。所以，**苦难是生活的调味剂，是幸福的衬托**。正因为有了苦难，才让快乐变得弥足珍贵。

我们用心生活，就不能回避苦难。

在生活中，家庭、社会，许多事，许多人，常常不尽如人意。不凑巧的事、倒霉的事、煞风景的事，构成了生活画面中不调和的音符。而我们要与人交往，要做事，要立身社会，要在各种圈子里摸爬滚打，这些干扰着我们身心的各种痛苦，不想看也得看，不想理也得理，不想受也得受着。因为，想战胜痛苦，先要忍耐痛苦；活着，就是不断忍受痛苦。

忧愁也好，快乐也好，无可奈何、听之任之也好，置之不理、耿耿于怀也好，它们都在你的眼前，在你生活的点点滴滴中。

所以，我们生活在紧张的竞争氛围中，生活在复杂的世界里，应学会吃苦、受苦、经历苦痛，然后在与痛苦和平相处的基础上让心灵超脱，学会自寻快乐，保持良好的心态，轻松愉快地生活。

将痛苦降低到最轻的程度，我们也就走出怨叹的怪圈，从而心平气和、精神焕发地去做事、交友以及进行一切自己喜欢的活动。

在困顿、苦难面前，一味哭丧着脸，除了磨掉自己的锐气外，是不会赚到任何同情的眼泪的。只有敢于在寒风中搏击的人，最能感受到太阳的温暖；只有学会正视痛苦，在苦的环境下能够适应并顽强生存，才会深深感觉到这个世界的美好。

学会正视痛苦，对我们每个人来说都是至关重要的。

越努力越幸运

如果我们认识不到世界的真相，认为人生永远充满快乐，并以此麻痹自己，那么就会离不开痛苦。只有正视痛苦，认识到痛苦的存在，并努力战胜它，才会实现真正的快乐。

>>> 吃苦是福是生活的真谛

苦难是每一个人都不想面对的，但是当它出现在我们的生命中时，我们又无法逃脱，这时候我们就需要换个方向来看待它——吃苦是福。

苦是人生不可缺少的钙元素，如果你没有吃过苦，说明你的人生不是完整的。学会吃苦，懂得如何吃苦，你便能够从中收获巨大。苦，虽然折磨人，但是同时也是锻炼人的最直接的方法。吃苦是一种资本，因为不经历一番寒彻骨，怎有梅花扑鼻香？只有尝过了人生之苦，收获的果实才能更加甘甜。

一个在温室中长大的孩子，没有风雨的锻炼，没有烈日的烘烤，很容易一走出温室就经受不起外界的恶劣条件而被击垮，这种精神上的缺钙现象同样告诉我们，适当的吃苦是必需的。**苦，锻炼了人的心智，磨炼出人的意志，使人能更乐观地憧憬着美好**。境由心生，路便越来越好走。

孟子说：“天将降大任于斯人也，必先苦其心志，劳其筋骨，饿其体肤，空乏其身，行拂乱其所为，所以动心忍性，曾益其所不能。”吃苦是福，是成就一番大事业、拥有幸福美好人生的前奏。

吃苦是福。人生是幸福和痛苦的混合体，我们无法保证谁的人生全是甜蜜，相反我们却可以肯定每一个人的人生都是幸福和痛苦的混合体。幸福可以给你美妙的感觉，而痛苦却可以给你异于常人的翅膀。

世界著名画家凡·高的一生可谓是历经万般苦难。从《凡·高传》的字里行间，我们都可以深刻体会到这位伟大的画家的伤口和疼痛。这个世界上或许没有人可以真切体会他的苦痛。我们难以想象，是什么样的痛苦可以让他自己忍心用剃须刀片割下了自己的一只耳朵；我们更难以想象，是什么样的苦难可以让他在麦田中竟然对着自己的胃部开了一枪，而且是不致命的一枪。

两天之后，这位画家才在剧痛中去世。

或许他早已精神崩溃，或许他早就厌烦了这个苦难的人生，然而苦难却又同时给了他旷世的创作灵感。这位年轻的画家在他短短的37年的生命中，奉献出了震动世界的名画。

他早期的画喜欢用荷兰画派的褐色调，但他天性中存在的热情使他抛弃荷兰画派的暗淡和沉寂，并迅速远离印象派，因为印象派对外部世界瞬间真实性的追求和他充满主体意识的精神状态相去甚远。在他的画作中，不是以线条而是以环境来抓住对象。他重新改变现实，以达到实实在在的真实，促成了表现主义的诞生。

历史证明，这位生前一直不得志的画家，在其死后若干年终于得到了承认。他的作品《加歇医生的肖像》在20世纪90年代就被拍出了8 250万美元的天价。这是作者的苦难赋予它的价值。

作家史铁生虽然双腿残疾，然而他却用心灵和鼻尖感动了一代人。在他最青春得意的年龄双腿瘫痪，这种苦难是一般人无法忍受的。然而，史铁生坚持走过来了，并且成为了一名作家。对于苦难，他这样说：**“我越来越相信，人生是苦海，是惩罚，是原罪。对惩罚之地的最恰当的态度，是把它看成锤炼之地。”**

吃苦是难免的。这苦有轻有重，无论命运给你安排了哪一种，你都无从抗拒。但是要相信命运是公平的，你的苦有多大，它后面的甜便有多大。

不要害怕吃苦，从另一个角度来审视苦难，接受苦难。当你克服它的时候，就是你自由翱翔的时候。

越努力越幸运

我们无法保证谁的人生全是甜蜜，相反我们却可以肯定每一个人的人生都是幸福和痛苦的混合体。幸福可以给你美妙的感觉，而痛苦却可以给你异于常人的翅膀。

>>> 苦难让我们成熟和强大

宋朝有个人名叫陈尧咨，是个闻名于世的射箭高手，他也为自己的箭术感到十分自豪，经常当众表演。

有一次，陈尧咨在旁人的起哄下，找了一块市集旁边的空地表演射箭，只见他不仅箭箭正中红心，而且支支穿透箭靶，出神入化的箭术果然名不虚传。

旁观的人无不大声拍手叫好，以无比钦美的眼光投向陈尧咨，只有一位卖油的老人没有拍手，而是以淡然的眼光看了他一眼，好像是认为他的射箭技术没什么了不起。

一向被人捧上天的陈尧咨看到了老人的反应，不免有些不服气，他径自走向卖油的老人，问道："老先生，请问您也会射箭吗？"

老人摇了摇手说："我并不会射箭，不过我知道，箭射得再好也不过是手法熟练而已，没什么特别的。"

陈尧咨哪里禁得起这番羞辱，顿时怒火中烧，冲口便说："岂有此理！既然你不会射箭，又怎么能批评我的技术呢？"

卖油的老人听了，并不生气，他只是拿起一个盛油的葫芦放在地上，在葫芦口上放了一个铜钱，然后舀起一勺油，不慌不忙地把油从钱眼中倒进葫芦里。一勺油倒完了，铜钱上却连一滴油也没沾到，众人无不啧啧称奇，连陈尧咨也不由得甘拜下风。此时，老人举起了葫芦，笑着对陈尧咨说："雕虫小技何足挂齿，不过是熟练罢了。"

老鹰在练习飞翔时总是顺风而飞的，但是一旦遇到了危险，转过头来逆风而行时，反而可以飞得更高。

环境对人的影响巨大，草木不经霜雪则根底不固，人不经忧患则德慧不成，什么样的环境，便造就出什么样的人。

很多人都曾抱怨："成功实在太辛苦了。"其实他们说得没错，成功非常辛苦，可是你想过吗？失败是更辛苦的。因为成功者辛苦一阵子，就能够帮助自己成功，然而失败者却要辛苦一辈子。从这个意义上讲，失败者的“毅力”比成功者更坚强，因为他们是在忍受一辈子。然而成功者往往不能忍受，所以他们才迫不及待地追求成功。

怕苦会苦一辈子的，不怕苦只要苦一阵子。可以说你**如果能在一阵子当中把你一辈子能吃的苦都吃下去，接着你就开始享受成功的果实**。然而如何快速浓缩你的苦一次吃完呢？就是不断地行动，不断地忍受失败，不断地忍受嘲笑，不断地接受被泼冷水，不断地接受打击，然后还能接着行动，这都是成功者在成功之前做的事情。

如果你想成功，请你暂时忍受一时的辛苦，拿出努力，大量行动。假如你还不愿采取行动帮助自己成功，那表示你还不是那么想成功。

想要成功，就要做别人不愿做的事情，先吃别人不愿吃的苦；假如想要失败的话，那么做什么都无所谓。你必须要选择成功或失败，做一个决定。所以成功和失败都是你自己的决定。

人生之途就像爬坡比赛，不进则退。在完成了一个课题之后不久，下面的课题又会接踵而来，如果不扎扎实实地不断努力，你会频频遭遇失败。甚至可以说，成功人士与非成功人士的分界就在这一点上。在建立人生的初期阶段没有付出充分努力的人，是不太可能成功的。

也有很多年轻人觉得干什么事情都比工作有意思——看电视、买东西、聚在酒吧，或者待着也好。不难想象这类人能做多少工作。然而，许多人拥有比在工作岗位上的成功更重要的人生目标。如果你强烈地希望成功，那你必须记住，在年轻的时光里，比起玩来，对工作更要感兴趣才行。不能在必要时拼死拼活地干的人，是不会获得成功的。

因此，**不要埋怨吃苦，应该感谢上苍，至少你还能有吃苦的机会。**

苦难是锻炼人意志的最好的学校。与苦难搏击，它会激发你身上无穷的潜力，锻炼你的胆识，磨炼你的意志。苦难是人生的必修课，强者视它为垫脚石，视它为财富；弱者视苦难为绊脚石、万丈深渊，被它压垮。上帝是公平的，他在把苦难洒向人间的时候，往往准备好了等重的回报等着勇士去拿。当苦难不期而至时，我们要视苦难为机遇，向它宣战。当你成功地征服它之后，就能真切地感受到生活的甘甜、人生的价值。

人的一生是由幸福和悲伤、成功和失败、欢乐和痛苦交织而成的，只有当你经受得住各种苦难的考验，才能展示你的真正价值。

越努力越幸运

身处苦难之时，我们会备感痛苦与无奈，但当走过困苦之后，我们才会更加深刻地明白：正是那份苦难给了我们人格上的成熟和伟岸，面对一切无所畏惧的能力，以及与这种能力紧密相连的面对苦难的心态。

>>> 离苦得乐，苦尽甘来的幸福经

记得小时候买过一种苦味糖，这种糖刚开始吃的时候，非常苦，很多孩子因为忍受不了而吐掉，然而只要坚持一小会儿，外面的苦层化掉之后，剩下的部分就格外甜了。如果因为经受不了苦味而早早地把糖丢弃，那么也就尝不到后面的甘甜了。

苦不尽，哪有甘来？人生就是一块苦味糖，先苦后甜，或者苦甜参半才是它的真实味道，如果你因为它的苦味而早早地对它放弃了希望，那么人生的甘甜也永远不会到来。

20世纪20年代，贝里·马卡斯跟随父母从俄罗斯来到美国，全家在纽威克一个穷人聚居区安顿下来。他的降临让他久患风湿病而无法下床行走的母亲重新可以走路了。母亲常常告诉他：对生活要有信心，生活总会苦尽甘来。母亲的能够再次下床行走恰恰验证了母亲的这句口头禅。这种乐观的生活态度潜移默化地影响着他的生活。

贝里·马卡斯回忆道，虽然母亲的风湿病没有完全康复，但她从不抱怨生命，她甚至会不时取下手上缠着的石膏绷带，在寒冷的冬天为孩子们洗衣服，在炎热的夏天为孩子们做饭。尽管生活艰辛，母亲始终相信苦尽甘来这一道理。

马卡斯从小的理想是上医学院，毕业后成为一名大夫。因为家庭的经济约束，他就近选择了路特格大学的纽威克校区，这样便可以住在家里而省下住校的费用。马卡斯开始学习医学预科课程，并取得了优异的成绩。

一天，系主任通知马卡斯，已经为他争取到了上医学院的奖学金，然而他自己还必须另缴1万美元的学习费用。对于当时马卡斯的家庭状况而言，这是一笔巨大的支出，是负担不起的。于是，马卡斯只好退了学，到佛罗里达州去找工作。路上，马卡斯跟母亲通了电话，告诉了她这个不幸的消息。母亲的回答给了他勇气：“孩子，不要失去希望，不要害怕吃

苦，早晚有一天你会苦尽甘来的！”

后来，马卡斯在餐馆当了一年服务生，有了一定的积蓄后，他选择了新泽西州的药学院继续他的梦想。毕业后，他开始营销药品，这让他接触到了商品零售业，并开始喜欢上了它，直到他跳槽到西部一个名为“便民”的商品零售公司，他对于自己的人生有了真正的想法。

在“便民”公司，他常看到不少自己动手装饰和修补住房的人来买各种家装必需品，但他们不可能在一处一次就买齐。一天，他突然有了一个主意：如果能有一家大商场，把所有的家装材料店，如厨卫设备店、涂料店、木材店全都包括进来，顾客岂不更方便？要是所有经销商都懂得怎样修马桶或怎样安装吊扇，岂不更好？这便是马卡斯的梦想的起源。

1978年的一天，老板召见他，马卡斯便向老板谈了自己的建议，希望通过他的提议可以把“便民公司”变成一家盈利的大型连锁超市。然而，老板认为这是马卡斯在他面前炫耀才能，于是不但没有接纳他的意见，反而将马卡斯解雇了。

母亲的话再次浮现在他的脑海中，他没有被打倒，苦涩给了他更多的力量和勇气，他决定放手自己干。马卡斯利用这个被解雇的机会，决心自己当老板，着手实现创建一个大型家装材料总汇超市的构想。他的这个超市将面向人口众多的工薪阶层，他们是自己动手搞家装的主力，他这样做，正好为他们提供了及时的、恰到好处的帮助。于是，一个名为“家庭”的大型家装材料公司应运而生。

在马卡斯的悉心管理下，这个材料公司的生意非常红火，业务已经遍及全美国，甚至开始扩展至全球。如今，马卡斯已年满72岁，他在零售业营销市场上奋斗了50余年。谈及他的成功，他总是谦虚地说：这没什么，只不过是我一路坚持走来，最终苦尽甘来的结果。

苦不尽，哪有甘来？用这条人生哲理时刻鞭策自己忍受磨难，不断前进，那么甘甜的生活才会在不久之后出现。

越努力越幸运

人生就是酸甜苦辣的百味瓶，你不可能一路走来都是含着蜜糖的。生活的真谛便是有苦有甜，先苦再甜，吃甜忆苦才是不断交叉的两种人生状态。

>>> 战胜苦难，它就是你的财富

在亚马孙平原上生活着一种雕鹰，这种鹰飞行力极强，被誉为亚马孙平原的“飞行之王”。但是，成就“飞行之王”的美誉背后却是非同寻常的历练和痛苦。

雕鹰的飞行训练之苦，是其他鸟类难以企及的。当小雕鹰刚会飞翔时，母雕鹰便残忍地将它的翅膀肋骨弄断，然后把小雕鹰叼到山顶最高处，从山巅甩向悬崖深处。在向山下坠落的过程中，唯有小雕鹰奋力拼搏，忍痛向上飞翔，才有活命的希望。因此，为了生存的希望，每一只小雕鹰不得不强迫自己忍受剧痛，在几乎绝望的状态下争取生命的机会。

困境中的小雕鹰求生欲强烈，它奋力拍打着受伤的翅膀，由于骨骼的再生能力，受伤的翅膀在恢复中变得更加强韧矫健，直到彻底痊愈。这时的小雕鹰好像浴火重生的凤凰，获得了新生，充满了神奇的力量。正是经过如此残酷的训练，小雕鹰由最初的雏鹰成长为强大迅猛的“飞行之王”。

每一个物种的生存，都伴随着苦难和伤痛。人类从诞生的那一刻起，嘹亮的第一声啼哭，似乎寓示着人生即苦。

苦难是我们都不想面对的，但是当它出现在我们的人生之路中时，我们又无法逃脱。**如果你没有吃过苦，说明你的人生不是完整的。**

苦，虽然折磨人，但也能造就人。从未经历过苦难的人生是脆弱的，不堪一击；而在苦难历练下成长起来的人是强大的，百折不挠。学会吃苦，懂得如何吃苦，你便能够从中收获甘甜。

人生总是苦乐参半的，既有幸福，也有痛苦。没有一个人能够完全保证，自己的人生永远是幸福甜蜜，大部分人的生活还是在一半是幸福一半是痛苦中度过。

更多时候，我们还觉得痛苦大于幸福。

苦有轻有重，无论命运给你安排了哪一种，你都无从抗拒。但是要相信命运是公平的，你的苦有多大，享有的福果就有多大。不要害怕吃苦，换个角度看，吃苦也是福。

苦难是一所大学，经历了苦难的磨炼，才能够更加强壮。**幸福可以给我们美妙的感觉，而痛苦却可以给我们坚强的意志。**

我们总是羡慕和垂青成功人士的光环，却从来不想他们光环背后的痛苦和艰辛。我们只喜欢接受结果的美好，却不喜欢承担实现过程中的风雨。

苦难和机遇对于每一个人都是公平的，它们往往并肩而行。很多人因为害怕苦难而把机遇拒之门外，从而让成功失之交臂。其实，苦难本身并不可怕，可怕的是我们面对苦难时逃避的态度。战胜苦难并非做不到，可悲的是在即将决心与苦难作斗争时，自己的内心先败下阵来。结果，因为不堪屈辱而哭泣，因为屡屡受挫而惊慌，因为屡战屡败而一蹶不振，因为一败涂地而自暴自弃。

再看那些成功的人，他们微笑地面对苦难，勇敢地接受苦难的锻炼。敢于接受苦难的磨炼，是成功者该有的气魄。无数的实践证明，当你战胜了苦难，它就是你的财富。

苦难并非安乐的障碍，如果将苦难化为动力，它就会给我们带来功德和利益。

对意志坚强的人来说，苦难就是他的成功助缘。人生需要一些苦难的历练，没有苦难的生活不值得过。

越努力越幸运

苦，虽然折磨人，但也能造就人。从未经历过苦难的人生是脆弱的，不堪一击；而在苦难历练下成长起来的人是强大的，百折不挠。

Part3

这个年龄，你要认识到的一些问题

二十几岁的年轻人要经常在反省中扪心自问：自己是怎样的一个人？哪些东西对自己最为重要？自己能否把每一件事做得更好？这样的心路历程将会成为你在成长过程中审视自己的价值观、质疑自己的思路和锻炼自己的判断力的最好方法。经过了这种方法的考验，一个人会变得更强大、更自信，其人生目标也会更加明确。

>>> 认清那个真正的自己

二三十岁的时候，也是我们正要开启全新的人生的时候。此时，我们要弄清：我是谁？我能干什么？

人从来没有停止过对自我的追寻。正因为如此，人常常迷失在自我当中，很容易受到周围信息的暗示，并把他人的言行作为自己行动的参照，从众心理便是典型的证明。其实，人在生活中无时无刻不受到他人的影响和暗示。比如，在公共汽车上，你会发现这样一种现象：一个人张大嘴打了个哈欠，他周围会有几个人也忍不住打起了哈欠。有些人不打哈欠是因为他们受暗示性不强。哪些人受暗示性强呢？可以通过一个简单的测试检查出来。

让一个人水平伸出双手，掌心朝上，闭上双眼。告诉他现在他的左手上系了一个氢气球，并且不断向上飘；他的右手上绑了一块大石头，向下坠。三分钟以后，看他双手之间的差距，距离越大，则受暗示性越强。认识自己，心理学上叫自我知觉，是个人了解自己的过程。在这个过程中，人更容易受到来自外界信息的暗示，从而出现自我知觉的偏差。

在日常生活中，人既不可能每时每刻都反省自己，也不可能总把自己放在局外人的位置来观察自己。正因为如此，个人便借助外界信息来认识自己。**个人在认识自我时很容易受外界信息的暗示，从而常常不能正确地认识自己。**

你究竟认识自己多少？你对自我形象的固有认识对你的成功有帮助吗？让我们来做个试验。

首先，你需要把能够描述你自己的一切特征或人格特质，以及相信你自己是什么样的人的想法都写出来。请注意：不是你认为别人会如何看你，而是你如何看你自己，把这些以任意的顺序写出来。我们的人格都有多个方向，而每一个方向对于我们的行为和我们的成就，都会有一些影响。如果你想开始得容易一点，就按下面这个技巧去做——先写出你觉得足以描述你自己的一些词语，如“老实”或“自信”，“专心致志”或“心胸开阔”。

接着，要注意，写的时候要用你平时不惯用的那只手，例如，如果你是惯用右手的话，就用你的左手，反之则用右手。这样做也许会有困难，而且你也许必须要把字写得大大的，但是只要你继续做下去，你就会发现，事情变得越来越容易了。只要你在事后能够将每一个字辨认出来，你就不需要为你的字写得歪歪扭扭而操心。现在就开始写出你的清单吧，给自己足够的时间。如果你在做这件事的时候能够保持放松的话，是会有帮助的。当你减少了有意识的左脑的干扰之后，更深入的、诚实的洞察就会显现出来。

人的大脑的左半边与语言和逻辑有关，而右半边则与直觉和感觉有关。你惯用的那只手和你身体的同一边，都是由你大脑的另一边来指挥的，例如，你的右手和右半边由左脑来指挥。因此，当你在做上述试验的时候，你的左右脑中比较不惯用或属于潜意识的那一边会在某种程度上被运用出来。这个简单的试验可以从意识下带出一些洞察，而这些洞察，如果你用自己惯用的那只手来写的话，可能就会写不出来了。只有当它们被你发现了，你才会意识到它们是真实的。你最先所写的一些勉强可以认得出来的字，也许是可以预测的，而且也和你用较常用的手写出来的那些是一致的。但是当你继续写你的清单，并且容许你的潜意识自由发挥的时候，你就会得到更多具有透露性的自我形象的词语了。当有明显的矛盾——即对平时的印象构成巨大冲突——发生的时候，你需要对自己完全诚实，分辨哪一个才是真正适用的。通常使用惯用的手所写出来的那张清单，看起来会像是为了供“大众消费”而写的，并不会明确指出更深层的自我信念。例如，你用惯用的手写出来的“聪明”，在用非惯用的手来写时，就可能变成“圆滑”，甚至是“投机取巧”。在很多试验的例子中，亲戚和亲近的朋友会确认说，用非惯用的手所写出来的比较接近事实。

仔细审视你单子上所列的每一个词语，如果你不能够确定你所写下来的某一些词语的确定意义，试着把每一个词都用一个句子来加以表达——

不过你要再次用你非惯用的那一只手来写。这些词语的每一个都可以予以扩大，成为一个或更多的特定概念的叙述句。例如，“友好”可能会包括“我喜欢别人来我家做客”这个特定的信念，而“脚踏实地”则可能涵盖“我很会自己动手做东西”。这一些使用非惯用的手写下来并且扩大成为更明显的句子的信念，才是有可能解释你的行为和结果的信念，而不是那些你立刻就可以察觉的少数信念。

接下来是“自我催眠”，将每一个信念都放在你的心里来加以测试。首先，先选择一个你认为是正面的信念，然后想象你自己现在正处于这样一个实际发生的状况中，而且在这个状况里，你的这个信念正在付诸实现。举例来说，如果你很擅长于吸引儿童的兴趣，比如讲故事、唱儿歌，你就想象你自己正在这样做，而且正在享受自己做得很好的感觉。这个例子也许正是受到你的清单上“友好的”或“令人喜欢的”这些词语激发而产生出来的。为了让感受更真实，你需要想象一些视觉上的东西——可以是小孩的脸、故事书以及你周围的任何事物。如果你可以感觉自己听到的任何声音，包括你自己讲话、唱歌的声音，或是体验到任何与你正在做的事情有关的感觉，那么这种真实性就更为强烈了。换句话说，你最好动用起自己的感官，必要时5种都要用到，其中视觉、听觉和感觉是最为重要的。这种感觉很像是自我的催眠，你必须让自己先进入一个放松的状态。

现在将情景转到一些不会令你觉得喜悦的事情上，也就是那些负面的自我信念。举例来说，你的同事正在热烈讨论着什么，但你却插不上嘴，你不喜欢看到自己正在这么做或处于这样的状态。这也许就是“拘束的”“害羞的”“难以交流的”这些词语所激发出来的。你可以回想一次过去的不好的经历，也可以去想象未来可能会发生的一件事情，如同上面一样，把它感觉得越真实越好。

通过上述的两个步骤，你已经体验到自己的两个不同的形象——正面的和负面的，分别反映出某一个特定的自我信念。把这两种想象加以比较，你会开始看到一些差异。这并不是指这两个情景在内容方面的差异，如讲故事、唱儿歌和难以与同事交流两个事情上的差异，而是视觉、听觉和感觉等方面的差异。

越努力越幸运

也许这是你第一次了解自己对自己的感觉，了解你的自我形象。在重新审视之后，你就可以运用那些令人产生力量的词语，创造你希望拥有的信念，改变那些不再有用的信念，进而把自己的潜能开发出来。

>>> 要知道自己能干什么

成功者的原则是：去选择最能够使自己全力以赴的，最能够让自己的品格和长处得以充分发挥的职业。尺有所短，寸有所长。你也许兴趣广泛，掌握多种技能。

但是，在所有的长处中，总是有你的强项。唯有充分利用了自己的长处，才能够让自己的人生增值；相反，你总是选择自己的短处，你的人生就只能贬值了。

正如美国政治家富兰克林所指出的："宝贝放错了地方就是垃圾。"我们一定要发现自己，认清自己是什么样的人才，适合做什么工作。择业时多"讲究"点，把自己放对地方，等待我们去采摘的，就会是人生甘甜的果实。

反之，把自己放错位置，就会像毛驴拉磨一样，虽然周而复始，却无法改变命运，终致碌碌无为一生。

爱因斯坦之所以成绩斐然，广为人知，就是因为他懂得把宝贝放对地方。当爱因斯坦成为著名科学家后，以色列人民曾邀请他出任以色列的总统，爱因斯坦婉拒了这种至尊的名利，称自己只适合面对客观事物，在行政与人际交往方面一无所长。

他明白自己的志趣不在政治而在科学，他成功把握了人生发展的方向，最终将自己铸造成一名伟大的科学家。

由此可见，"将就"害人不浅，"讲究"却让人受益匪浅，能够客观地评价自己是多么重要。**过高估计自己，就会使自己眼高手低，好高骛远；过低估计自己，就会自卑消极，不求上进**。二者都不能使自己的才能得到正常发挥，不能使自己释放出最大的能量。如果对自己的形象和身体、品德和才能、优点和缺点、特长和不足、过去和现状，以及自己的价值和责任，都有一定的认识，那么一生都将受用无穷。反之，就会走向成功的反面。

有个青年，写七八行信都有十几个错别字，却做着“作家梦”。写了不少文理不通的稿子，四处投稿，均没被采用。他不知反省自己的不足，却一味埋怨别人没有眼光，不识人才；自己运气不好，没有遇见伯乐。妻子叫他从自己的实际出发，干些力所能及的事，而他却责怪妻子不理解他，不支持他的事业。久而久之家庭生活陷入了极度的困境，妻子无法忍受他那种长期执迷不悟、无所作为却牢骚满腹的行为，毅然离他而去，好端端的一个家庭毁灭了。这就是不了解自己的情况，从而断送了自己的前途。

如果你觉得无法对自己做出相对准确的认识，那么实践是个不错的选择。实践过程会让人清醒地认识自我，在实践的风风雨雨中通过成功或失败，检验自己方方面面的素质，重新认识自己该摆放在什么地方。

有些人认为自己应该当老板，就辞去公职，下海经商。在实践中，有的人成功了，新的事业蒸蒸日上；有的人却失败了，下海呛了一肚子苦水，只得踏上归途，去做原来的工作。实践过程最容易让人清醒地认识自我，对自己做出比较正确的估计。一旦人有了自知，就能明察自我，正确审视自我，充分发挥潜能。

俄国作家列夫·托尔斯泰年轻时曾经无所事事，游戏人生。后来在朋友的帮助下，他反躬自省，认识到自己身上的种种缺点：缺乏反省，缺乏毅力，自欺欺人，少年轻浮，很不谦虚，脾气太躁，生活放纵。他找到了自己的缺点，逐步克服后，潜心写作，先后创作了《战争与和平》《复活》和《安娜·卡列尼娜》等名著，成为著名的作家。

自知是人们对自我认识的正确态度，是成功者的重要经验之一。在综合分析个性、个人能力的基础上，明确自己的职业优势和劣势在哪里，发扬优点，改正缺点，再结合职场状况、行业和岗位的情况，给自己找到一个坐标点，在那个位置上不断努力，如果你愿意这样努力着，如果你努力并愉悦着，那么恭喜你，因为你没有把宝贝放错地方。然后，随着实际情况的发展变化，对职业发展做适当的修正和调整。这样，你的潜能将得到最大限度的释放。

越努力越幸运

自知能使人明辨自己在群体中的位置和与他人的关系，自知能使自己清醒处事，冷静评价个人的能力，能够促使自己更为贴切地把握个人的抉择，并有效地进行人生设计和自我训练。

>>> 为什么人与人是不一样的

胡旭苍毕业了。为了他找工作的事情，父亲找遍了所有关系，最后终于在当地的税务部门为他找到了一份好工作。当父亲问胡旭苍毕业后有什么打算时，胡旭苍的回答让父亲吃了一惊：我要去办公司，即使失败了也不要在政府里打工！

胡旭苍的回答让父亲感到很失望：这份工作可是我托了多少关系才找到的，多少人想进都进不来，每天不用太辛苦，工资待遇又高。但是看到胡旭苍坚决的态度，父亲也只好摇了摇头，叹了一口气。

胡旭苍开始创业了，虽然遭遇了很多困难，但他还是坚持住了，并取得了成功。两年后，年仅22岁的胡旭苍创立了中美合资中国佑利控股集团，自任董事长。后来，他还参与起草了CPVC管道制品的国家行业标准。2002年，胡旭苍当选为市人大代表。2008年，胡旭苍和马云等人一起当选为“2007浙江经济年度人物”。此时，他不过30岁！

是什么让胡旭苍快速走向成功的呢？

二十几岁的年轻人大多是毕业想找个工作，安安心心地上班，这当然也无可厚非。但是，如果我们习惯朝九晚五的上班族生活，日复一日，任凭岁月消逝，而且满足这种状态，那么我们很有可能在三十几岁还在如此辛劳地为生活打拼，我们在二十几岁时的想法一定不要过于简单和满足。

看到很多人富有，很多人成功，我们不禁想要寻找原因，是什么造成了人与人之间的差异呢？为什么有的人能够得到巨额财富，而我们却不能呢？他们比我们富1000倍，就能说明他们比我们聪明1000倍吗？绝对不是。人的资质相差并不多，差异其实是后天造成的。想想看，我们的同学在毕业时大家起点一样，而过了5年、10年、15年后，同学再聚会时，大家会各不相同，有的人开着奔驰、宝马，有的人开着帕萨特、宝来，而有的人骑着自行车，大家的差距由此可见，同学之间的智力差距真的有那么多吗？绝对不是，**真正的差距在于思想！**

一个人贫穷，主要是头脑贫穷，不怕做不到，就怕想不到，一个缺乏创业欲望的人，是很难有所成就的。想过富有的生活，要先有富有的思想。头脑富有，口袋就能富有，拥有富有的思想，就能远离贫穷。

只有那些不满足现状的人，才能真正成为富翁。只有要求的越多，欲望越强烈，我们才能得到的越多。

胡旭苍不甘心平平常常，有自己明确的人生目标。敢想、敢干、敢闯，所以，他才能迅速走向成功。不甘平庸、渴望致富，一心想要有所作为，让胡旭苍最终成为同龄人之中的佼佼者。思想与魄力，决定了一个人一生成绩的大小。

二十几岁时，我们都还没有什么特殊的背景，没有傲人的业绩，没有资本，甚至因为没有经验而找不到工作。但是，我们年轻，我们敢闯，我们应该敢干一些我们没有干过的事情。男人，就应该有点闯劲！

如果我们在二十几岁时只是想简简单单赚一点钱，养家糊口，对于未来并没有什么明确的目标，那么，我们就很有可能耽误了自己，埋没了自己的才华。我们可以允许自己在二十几岁时奔波劳累，为了养活自己而不辞劳苦。但是，**我们决不允许我们在30岁、40岁时还在为明天要吃什么、住在哪里而到处奔波**。如果你没有为明天做太多的准备与努力，那么明天也不会给你太多的回报。

《福布斯》世界富豪、韩裔日籍富豪孙正义19岁的时候曾做过一个50年生涯规划：20多岁时，要向所投身的行业，宣布自己的存在；30多岁时，要有1亿美元的种子资金，足够做一件大事情；40多岁时，要选一个非常重要的行业，然后把重点都放在这个行业上，并在这个行业中取得第一，公司拥有10亿美元以上的资产用于投资，整个集团拥有1000家以上的公司；50岁时，完成自己的事业，公司营业额超过100亿美元；60岁时，把事业传给下一代，自己回归家庭，颐养天年。孙正义正在逐步实现着他的计划，从一个弹子房小老板的儿子，到今天闻名世界的大富豪，孙正义只用了短短的十几年。

机会属于有准备的人，没有准备、没有想法的人，连机会都不认识，更不要谈抓住机会了。一个人的想法决定了他将来的命运，一个人的思路决定了他未来的方向与出路。二十几岁时，我们不一定要马上创业，但是我们一定要及早准备、及早规划，尽最大的可能为自己寻找最好的出路，经过5年、10年、15年的努力，直至取得成功。

越努力越幸运

你在二十几岁时的选择与努力，将决定你在三十几岁是贫穷、中产、还是富有！

>>> 选择什么样的命运

一家公司新来了一名女大学生，小伙子帮着她去领办公桌，没想到，她挑了1个小时都没挑好。小伙子说："差不多就算了，不就一张办公桌吗？"谁料，那名女大学生说："我刚毕业分配来，这张办公桌可能要陪我一辈子呢！"

说者无心，听者有意。这句话对小伙子产生了很大的震撼，一想到自己一辈子可能就围着一张办公桌转，他就不寒而栗。他毅然离开了闲散的机关单位，开始了自己的创业历程，这个小伙子就是如今的房地产大鳄潘石屹。

一些天赋相差无几的人，由于选择了不同的方向，人生却迥然相异。所以，走好每一步，做好每一次选择就显得尤为重要。选择往往就是一道门槛，不同的选择将决定不同的人生命运。二十几岁时的选择更为关键，因为它可以决定30岁以后的命运。

二十几岁时，影响一生的重要选择就开始了。二十几岁时，我们都会面临若干种决定自己命运走向的选择。当人生的十字路口出现在我们的面前时，每一个路口都是那么陌生，我们不知道哪一个路口的方向是正确的，我们又应该选择哪一个路口。

哲学家苏格拉底曾经让他的学生在苹果林里挑选一个最好的苹果，不能回头。一些人在抉择途中，先是看见一个好苹果，为了后面能拿到更大的，一直没有下手，直至走到林子的尽头时，才发现先前的那个苹果更好；另一些人，一开始就摘下了自认为最好的果实，却发现另外的苹果比他的好吃，但是人生没有后悔药，不容你再次抉择。人生宛如一片果树林，等待我们去做一次次无法重复的抉择，摘下属于自己的果实，没有回头的机会。**我们要学会做出明智的选择，通过比较，尽可能地为自己选择一条好的道路，摘到最大的果实。**

我们必须做出正确的选择，因为只有选择了正确的方向，我们才能走在成功的路上。即使现在不能成功，将来也会成功。所以，选对正确的前进方向，是一件重要的事情。但问题是当选择没有结果的时候，谁又能知道自己的选择是对还是错呢？面对这些选择的时候，是选择在当时看来是最好的呢，还是要做出适合自己一生发展的最好的选择？

人在做出选择时，几乎没有人会认为自己是错误的——没有人会故意做出一个不利于自己的决定。之所以选错，往往是由于不懂得如何选择。我们总是以为自己是聪明的，对自己的选择往往充满了自信。做到聪明的选择并不难，难的是要做到有智慧的选择。二十几岁时，因为我们对自己、对社会还缺乏足够的认识和了解，所以必须要先学会认识自己和社会，这样我们才知道如何做出正确的选择。

二十几岁时，我们还没有丰富的生活阅历，还不能辩证地用智慧解析自己所遇到的选择，我们就不要动用自己的聪明，有时不妨学着笨一点。二十几岁时的很多失败都是源于我们自以为聪明的选择。因为我们自以为聪明，所以不愿意牺牲，不愿意妥协，不愿意做看似没有必要的付出。其实，当我们处于弱势地位的时候，我们必须学会牺牲和妥协，学会改变自己。

为了生存，我们必须学会适应。**只有把自己变成水，学会更好地适应，我们才能更好地生存和发展。**

我们选择一份工作，不是只为了眼前，更应该看到以后，看到未来。很多人选择工作的时候，只坚持一个原则——薪水越高越好！工作就是为了挣钱，否则打死我也不干！他们的理由是：努力学习了这么多年，不就是为了能够在工作中多赚些钱吗？的确，如此努力学习，谁都希望有一个好的结果。但是我们必须清楚，如果我们的工作只是为了能从公司多赚钱，那么哪一天我们不能再为公司创造利益了，公司也会毫不留情地收回让我们继续工作的机会。以挣钱多少来选择自己的职业，无疑是目光短浅的行为。

杜宾斯基在刚刚进入苹果计算机公司的时候，他的收入只有他以前的一半。安迪夫吉在商学院毕业之后，同样接受了薪酬最低的工作，最终却成为罗必凯公司的CEO。他们的理由是："你不能只是以赚钱多少来选择自己的职业。我当然希望能多赚钱，而且这份工作也的确给我带来了不错的收入，但如果只是按照赚钱数量来选择职业，我很可能会踏上一条完全不同的职业道路！"

二十几岁，我们必须要学会积累无形资产。在一个行业里，只有具备了一定的无形资产之后，自身价值才可以充分地体现，机会才能主动来找我们。但遗憾的是，很多人在二十几岁时，做出的选择，都特别在乎自己的有形资产，而忽略了无形资产，结果一生都为薪水和失业担心。

二十几岁时，千万不要关注太多眼前的东西，要学会放眼未来，专注未来，避免陷入短视的误区。只有找对你一生的工作，才能在赚取生存资本的同时，使自己的人生价值得到体现，未来的蓝图也会在工作中明朗起来。就像射击运动员一样，关注的永远只有一个靶心，找工作就是让我们寻找适合我们的行业，而不是今天要赚取多少钱。

越努力越幸运

只要能做到提高自己，为将来的实力提升做好准备，便是最大、最好的回报。二十几岁，不只是选择赚钱，更要选择发展，它关乎你30岁以后的命运。

>>> 找到适合自己的生存之路

二十几岁的人看事物绝不能简单化。以教条化的方式坚持和贯彻道德标准，只会把道德绝对化。生存，绝对不能忽略处世的手段和生存的技巧。要生存下去，就一定要善于运用生存的技巧。一味僵化地抱着道德守则，肯定会在生存竞争中败下阵来。

生存手段和技巧应用的本身并不属于道德范畴，而目的才是属于道德范畴的。就像一把刀，你可以拿它做好事，也可以拿它做坏事。手段和技巧就像刀一样，它带有工具性特征，人们运用它们来达到自己的目的，有的人运用它们达到邪恶的目的，也有的人运用它从事正义的事业。

如果因为某些人运用手段与技巧来做坏事，就把这些手段和技巧也看成是坏的东西并排斥在外，认为它们是不道德的，这无异于因噎废食。

崇尚道德，当然是好的。但是，应该看到，世界是不完美的，光有道德还无法实现对客观世界的全部改造，必须要运用一系列的手段和技巧才有可能达到目的。比如，要求人办事，察言观色是其中的技巧之一，没有这些手段与技巧，就无法把事情办成。

郑瑞是一家投资公司的项目经理，他要对一家公司进行信用调查。正巧他认识另一家大企业公司的董事长，这位董事长很清楚该公司的营运状况，郑瑞便亲自登门拜访。当他进入董事长室，才坐定不久，女秘书便从门口探头对董事长说："很抱歉，今天我没有邮票拿给你。""我那12岁的儿子正在搜集外国邮票，但是它们太难找了。"董事长不好意思地向郑瑞解释。接着郑瑞便开门见山地说明来意。可是董事长却故意含糊其词，一直不愿做正面回答。郑瑞见此情景，只好知趣地匆匆离去，没得到一点收获。

在回去的路上，郑瑞突然想起那位女秘书向董事长说的话，邮票和12岁的儿子。

同时，郑瑞也联想到他服务的投资公司国外科，每天都有来自世界各地的信件，有许多各国的邮票。

第二天下午，郑瑞又去找那位董事长，告诉他专程给他儿子送邮票来了。

董事长热忱地欢迎了他。郑瑞把邮票交给他，他面露微笑，双手接过邮票，就像得到稀世珍宝似的惊讶地说："啊！多有价值！我儿子一定会非常高兴。"

董事长和郑瑞谈了30分钟有关集邮的事情，又让郑瑞看他儿子的照片。一会儿，没等郑瑞开口，董事长就主动和郑瑞交流业务上的事情，俩人足足说了一个钟头。他不但把自己知道的事情都告诉了郑瑞，又召部下询问，还打电话请教朋友。郑瑞送去的几十张邮票让他圆满地完成了任务。

人与人之间交往，如果你来我往之间没有一点礼尚往来，这样的交往能够长久吗？我们千万不要把物和情对立，没有了物质的作用，情谊也就很难长久。

正是因为人们心中有了道德的标准，社会才能够正常运行下去，让生活多了很多美好的东西。

但是，道德的实现必须扎根于客观的现实当中，要让它在现实中生根、开花、结果，就一定先要理解社会运行的基本法则，理解并掌握基本的生存手段和处世技巧。

越努力越幸运

我们要学会把道德向生存的技巧转变，而不是用它来捆住自己的手脚，使自己变成对现实无能为力的人。我们也应该学会容忍现实的不完美，要做成某些事情，就必须运用处世的手段与生存技巧，这样的生存之道才是我们最需要的。

>>> 知道自己坚持的是什么

二十几岁的男人一脚踏入社会，就会面临许多诱惑。诱惑对人具有巨大的吸引力，可以动摇人们的意志，使人做出违背自己意志的选择。诱惑都是美丽的，它也许是你饥饿时的一块大蛋糕，也许是大把的钞票，也许是梦寐以求的职位。

伊凡出身上流社会，从小聪慧伶俐。他的父亲是个有名的商人，他是父亲的独子。从小父亲就对伊凡寄予了厚望。伊凡不负众望，在父亲的指引下从小博闻广学，勤交名士益友。顺利从当地一所著名州立大学经济学专业硕士毕业，伊凡在父亲的建议下子承父业，协助父亲管理家族产业。几年下来，伊凡出色的工作能力、灵活的处事技巧已受到了充分肯定。

在旁人眼中，伊凡多才多艺、出类拔萃、年轻有为，前途不可限量。可是伊凡自己却不这么认为。他感觉从工作中得不到他向往的那种激情。一切似乎只是按部就班、理所当然。当同龄人正在乐此不疲于事业的时候，他已经开始觉得心力疲惫了，不是力不能及，而是他找不到为之执着的理由。

后来，在专家的帮助下伊凡发现原来自己心底里一直想做的其实只是一个——眼镜店的配镜师！

像幸运与灾难一样，诱惑在人的生活中也扮演了它的一份角色。诱惑是无处不在的。伊凡的故事中，诱惑是父亲为其指的“明路”；职场中，诱惑以其更多的姿态出现，金钱、名誉、身份、地位、不能兑现的谎言等，臣服于诱惑将给我们造成职业生涯和人生的不幸与灾难。认清诱惑，经常性地进行自我盘点，和诱惑保持足够的安全距离才能保证健康的自我发展空间。

内因起决定作用。如果一个人轻易地为外物所诱惑而改变航向，多少是因为他原本就对自己的目标并不那么确定。而这种不确定，又往往是因为自己对周围环境，对自身缺乏了解和把握。

一个人的职业选择不仅要考虑到个人的兴趣、性格，还要考虑到个人的能力。

我们二十几岁的时候，由于年轻，对社会没有足够的认识和了解，但是，只要时刻保持清醒的头脑，犯错误的概率是可以降到最低的。我们越趋向于成熟与理智，犯的错误越少。在理智与成熟的世界里，我们更加幸福和快乐，人生才更富有意义和价值。

我们很多时候的选择，在当时情况下看来是有利的，但综合看来，却不利于全局，也许对整个人生来说都是一个失误。不过，在诱惑面前，人们似乎缺乏免疫力，无法抵挡。现在很多年轻人都不安心本单位的工作，都想出去闯荡世界，特别是很多年轻人更是无法忍受“贫穷”的日子，纷纷到大城市去寻找自己的世界。不知道自己适合什么，抱着到外面试试看的态度跳槽。由此可见，不断跳槽的人是要求生活适应他，而不是自己去适应生活，这就违反了客观生活的规律。每个人只能适应社会的需要，不能由着自己的性子去从事工作。

这些人最初只求先立住脚，稳定之后再图发展，所以跳槽的现象很普遍。但是有的人跳槽成了积习，一旦成了自由人，就拴不住一颗不安分的心，总是一份工作干不了多少时日，就产生厌倦情绪，看到别人流动就心痒痒，于是像个小跳蚤，不停地蹦来蹦去，在不大的小圈子里，可能几年之内就让他转了个遍，总是居无定所，食无定位，甚至连女友都是换了一个又一个。有的人到中年还没有为自己建立一个平台，还在东飘西荡地游弋。

二十几岁，**我们应该坚持自己内心的理想，不能因为有一点风吹草动就掉转船头**。一味地变换方向，最后只能是失去方向。

越努力越幸运

当两边风景怡人的时候，切勿因为欣赏风景而忘记了赶路。认准了一条路，坚定地走下去，只有坚持才能走出自己的特色。

Part4

这个年龄，你绝对不能浪费的东西

人类的生命是短暂的，因为它自出生以来就受着时间的“剥夺”。时间就像是肆意的魔鬼，无情地“牵引”着生命一步步走向灭亡。但是，在时间面前，人类并不是无能为力的，抓住每一秒钟，不让时间白白地流失，我们的生命就会焕发出异样的光彩。

>>> 在有限的生命里把时间拉长

二十多岁的年轻人应该懂得时间的价值。时间无限，生命有限。在有限的生命里把时间拉长的人就拥有了更多做事情的资本。

哲人问："世界上，什么东西是最长而又是最短的；最快的而又是最慢的；最能分割的又是最广大的；最不受重视的又是最受惋惜的；没有它，什么事情都做不成；它使一切渺小的东西归于消灭，使一切伟大的东西生命不绝？"

智者回答："世界上最长的东西莫过于时间，因为它永无穷尽；最短的东西也莫过于时间，因为人们所有的计划都来不及完成；在等待着的人看来，时间是最慢的；在作乐的人看来，时间是最快的；时间可以扩展到无穷大，也可以分割到无穷小；当时谁都不重视，过后谁都表示惋惜；没有时间，什么事都做不成；不值得后世纪念的，时间会把它冲走，而凡属伟大的，时间则把它们凝固起来，永垂不朽。"

生命是由时间累积起来的，如果你珍惜生命，那么就要去珍惜时间。

别忘了，时间就是金钱。假设，一个人一天的工资是100元，可是他玩了半天或躺在床上睡了半天觉，他自己觉得他在玩上只花了36元而已。错误！他已经失去了他本应该得到的500元……千万别忘了，就金钱的本质来说，一定是可以增值的。钱能变更多的钱，并且它的下一代也会有很多的子孙。

假如一个人杀死一头能下仔的母猪，也就是毁灭了它所有的后代，甚至于它的子子孙孙。假如谁消灭了500元的金钱，那样就等于消灭了它所有能产生的价值。换句话说，可能毁掉了一座金山。

这段话是本杰明·富兰克林的一段经典名言，它简单直接地告诉人们这样一个道理：假如你想成功，就必须认识到时间的价值。

"一切节约，归根到底都是时间的节约。"时间是你自己可以握在手中的最宝贵的财富。那些在事业上取得卓越成就的人都十分重视时间的利用。我们来看看巴尔扎克是怎样利用自己一天的时间的。

午夜，墙上的挂钟敲了12响，巴尔扎克准时从睡梦中醒来，他点起蜡烛，洗一把脸，开始了一天的工作。这是最宁静的时刻，既不会有人来打扰，也不会有债主来催账，正是他写作的黄金时间。

准备工作开始了，他把纸、笔、墨水都放在适当的位置上，这是为了不要在写作时有什么事情打断自己的思路。他又把一个小记事本放到写字台的左上角，上面记着章节的结构提纲。他再把为数极少的几本书整理一下，因为大多数书籍资料都早已装在他脑子里了。

巴尔扎克开始写作了。房间里只听见奋笔疾书的“沙沙”声。他很少停笔，有时累得手指麻木，太阳穴激烈地跳动，他也不肯休息，喝上一杯浓咖啡，振作一下精神，又继续写下去。紧张有序的写作一直持续到早晨8点。此时巴尔扎克草草吃完早饭，洗个澡，紧接着就处理日常事务。印刷所的人来取墨迹未干的稿子，同时送来几天前的清样，巴尔扎克赶紧修改稿样。

修改稿样的工作一直进行到中午12点。整个下午的时间，他用来摘记备忘录和写信，在信上和朋友们探讨艺术上的问题。

吃过晚饭，他要对晚饭以前的一切略做总结，更重要的是，对明天要写的章节进行细致缜密的推敲，这是他写作中一个非常重要的环节，一个必不可少的步骤。晚上8点，他放下了一切工作，按时睡下了。

这普通的一天，只是巴尔扎克几十年间写作生活的一个缩影。

巴尔扎克曾经这样说过：“我发誓要取得自由，不欠一页文债，不欠一文小钱，哪怕把我累死，我也要一鼓作气干到底。”他在生命弥留之际，还念念不忘尚未完成的《人间喜剧》。他向医生了解确实的病况，医生问他：

“你完成那些工作还要多少日子呢？”

“6个月。”

医生摇摇头。

“6个月都活不到吗？6个星期怎么样？”

医生还是摇摇头。

“至少6天总可以吧？我还可以写个提纲，也可以把已经出版的50卷校订一下！”

医生只是劝他即刻写遗嘱。

“什么？6个小时？”

就在他这样问着的时候，死神悄悄地来到了他身边。

虽然巴尔扎克没有完成心中的夙愿，但是他惜时如金的精神使他为后世留下了96部长中短篇小说和随笔，对世界文学的发展和人类进步产生了巨大的影响。

有一本杂志曾经对人一生在时间的支配上做过一次调查，结果是这样的：站着，30年；睡觉，23年；坐着，17年；走着，16年；跑着，1年零75天；吃饭，7年；看电视，6年；闲聊，5年零258天；开车，5年；生气，4年；做饭，3年零195天；穿衣，1年零166天；排队，1年零135天；过节，1年零75天；喝酒，2年；如厕，195天；刷牙，92天；哭，50天；说“你好”，8天；看时间，3天。

英国广播公司也曾委托人体研究专家对人的一生进行了“量化”分析，有些数字可以作为上面推算的补充：沐浴，2年；等候入睡，18周；打电话，2年半；等人回电话，14周；无所事事，2年半。以上推算和量化分析并不全面，而且有些数字也不具有很强的说服力和可信性，但为我们大致列出了一个生命的账单。

很多人看了上面这个生命账单之后都会感到生命的短暂。这份账单上的时间开支，有一些是非花销不可的，但有的却完全可以节省。

著名教育家本杰明曾经接到一个青年的求教电话，并与那个向往成功、渴望指点的青年人约好了见面的时间和地点。

待那个青年人如约而至，本杰明的房门大敞着，眼前的景象却令青年人颇感意外——本杰明的房间里乱七八糟、狼藉一片。

没等青年人开口，本杰明就招呼道：“你看我这房间，太不整洁了，请你在门外等候一分钟，我收拾一下，你再进来吧。”他一边说着一边轻轻地关上了房门。

不到一分钟的时间，本杰明又打开了房门，并热情地把青年人让时客厅。这时，青年人的眼前已是另一番景象——房间内的一切已变得井然有序，而且有两杯刚倒好的红酒，在淡淡的香水气息里还漾着微波。

可是，没等青年人把满腹的有关人生和事业的疑难问题向本杰明讲出来，本杰明就非常客气地说道："干杯，你可以走了。"

青年人手持酒杯一下子愣住了，既尴尬又非常遗憾地说："可是，我……我还没向您请教呢……"

"这些……难道还不够吗？"本杰明一边微微笑着一边扫视着自己的房间，轻言细语地说："你进来又有一分钟了。"

"一分钟……一分钟……"青年人若有所思地说，"我看懂了，您让我明白了一分钟的时间可以做许多事情，可以改变许多事情的深刻道理。"

时间的面纱就是这么简单，每一分一秒都是那么弥足珍贵，生命中最不能挥霍的就是时间。

越努力越幸运

每个人在生活的每一天都必须考虑并安排好：我该为哪些事花费时间？哪一些可以忽略或缩短？只有像计较金钱那样计较时间，我们才能在有限的人生中做更多有意义的事情。

>>> 在时间的大钟上，只有两个字

很多人把时间当作河，坐在岸旁，束手无策地看它流逝；也有的人把时间当作自己忏悔的温床，躺在对过去的追忆与哀悼中，苦苦呼唤着已逝的时光；还有一些人把时间看作未来的宠儿，总是在晚霞中想象着旭日初升的欢愉，而时间自己却不管你把他当作什么，都按他自己的步伐从容不迫地走着；未来姗姗来迟，现在像箭一般飞逝，过去永远静立不动，而你对待这三者的态度决定了你是能抓住时间还是被时间所抛弃。

莎士比亚说过：**“在时间的大钟上，只有两个字——现在。”**昨天唤不回来，明天还不确定，一个人最有把握的就是今天的时间，虚度今天，就是毁了昔日成果，丢了来日前程。

安格斯读小学的时候，他的外祖母过世了。外祖母生前最疼爱他，安格斯无法排除自己的忧伤，每天在学校操场上一圈又一圈地跑着，跑得累倒在地上，扑在草坪上痛哭。

那哀痛的日子，断断续续地维持了很久，爸爸妈妈也不知道如何安慰他。他们知道与其骗儿子说外祖母睡着了（孩子会想她总有一天要醒来），还不如说实话：外祖母永远不会回来了。

“什么是永远不会回来呢？”安格斯问。

“所有时间里的事物，都永远不会回来，你的昨天过去，它就永远变成昨天，你不能再回到昨天。爸爸以前也和你一样小，现在也不能回到你这么小的童年了；有一天你会长大，你会像外祖母一样老；有一天你度过了你的时间，就永远不能回来了。”爸爸说。

以后，安格斯每天放学回家，在家里的庭院里面看着太阳一寸一寸地沉到地平线以下，就知道一天真的过完了，虽然明天还会有新的太阳，但永远不会再有今天的太阳了。

时间过得那么飞快，在安格斯幼小的心灵里不只是着急，还有悲伤。

有一天，他放学回家，看到太阳快落山了，就下决心说：“我要比太阳更快地回家。”他狂奔回去，站在庭院前喘气的时候，看到太阳还露着半边脸，就高兴地跳跃起来，那一天他觉得自己跑赢了太阳。以后他就时常做那样的游戏，有时和太阳赛跑，有时和西北风比快，有时一个暑假才能完成的作业，他10天就做完了。那时他三年级，常常把五年级的作业拿来做。

每一次比赛胜过时间，安格斯就快乐得不知道怎么形容。

后来的20年里，他因此受益无穷，虽然他知道人永远跑不过时间，但是人可以比自己原来有的时间跑快一步，如果跑得快，有时可以快好几步。那几步很小很小，用途却很大很大。

一个人如果要珍视时间，那么首先所要做的就是追赶今天的太阳，因为它太宝贵了，不应该为酸苦的忧虑和辛涩的悔恨所销蚀。忘掉今天的人也将被明天所忘掉，今天的每一分钟都是经过了过去数亿分钟才出现的，世上再没有比这一分钟和现在更好，一个今天胜于两个明天。美国诗人朗费罗说：“不要老叹息过去，它是不会再回来的；要明智地改善现在，要以不忧不惧的坚决意志投入扑朔迷离的未来。”

时间就是一座脆弱的桥梁，我们每迈过一步之后，它就已经变成过去，变成永恒。过去的已经过去，不再属于我们。

生命有它的各个阶段：青年、中年、老年。我们每走过一个阶段，那扇门就在我们的身后关上、锁上了，而门锁则在门的另一边，没有人能够打开。生命的每一个阶段都有只适于这个年龄段的特殊工作，就如同种庄稼，一旦错过了季节，一切劳作都将是白费工夫。

生命不能重复，时间不会倒流。我们没有回头路可走，说过的话无法收回，做过的事无法重做。我们曾经拥有的事物不是被别人剥夺，而是被锁了起来，变成了尘封的历史。

但是，我们还有今天，我们可以创造今天。当今天在有朝一日写成历史时，我们可以赋予其更深的意义，就好像一出戏的开头和结尾互相呼应一样。回忆过去不如奋飞今天，射出去的箭已经不能再回头了。过去，过去，过去，当你这么念叨的时候，现在就在你的念叨声中也成为过去。

时间是由分秒积成的，只有那些从头到尾利用好时间的人，他的时间才算没有虚度，每年、每月、每天和每小时都有它的特殊任务，集腋成裘，聚沙成塔，几秒钟虽然不长，但是伟大的功绩就蕴含在这零星的时光中。

我们生活在有限的时间里：黑夜与白昼有规律地交替，哪一方也不会更多地占去另一方的时间。既然时间是有限的，既然不可伸长也不能缩短，时间的价值又体现在如何利用上，那么我们就应该珍惜它、很好地利用它，而利用它就要把它开发到底。

“一天24小时，谁都是被平等地赋予。”这个命题已成为时间管理理论的公理。但事实不然，我们所知道的大政治家、画家或音乐巨匠、文豪、学者，像罗马的恺撒大帝、日本的空海和尚、意大利的达·芬奇、德国的莱布尼兹和歌德，以及现代分秒必争的铁腕经营者，他们在一天24小时当中，经手完成的工作量，无论在质或量方面，都是超乎一般人想象的。但同样拥有一天24小时的其他人，却不留下任何痕迹。可见，就是一天24小时，也并不是每个人都被平等地赋予。同样一天24小时当中，两个不同个体所做的事情完全不同的例子，在现实中不胜枚举。所以，我们就要寻求以“钟表”计时的一天24小时之外，是否还有另创的一段时间。

例如莫扎特只活了35岁，但在他短短的一生中做了600首以上旷世之作遗留于世，而其他活了七八十年的平庸音乐家却比比皆是。以实际使用的时间来看，莫扎特的一天24小时，他的每一分、每一秒比起其他平庸的音乐家，可说是更长。这个时候两者所拥有的时间是无从比较的。

再以歌德和达·芬奇的成就比较。歌德通过运用诗、戏剧、小说等文学形式，创作了很多伟大的作品。在他27岁被任命为瓦马尔参议员以来，在政界也相当活跃，做出了很多业绩，1815年被任命为国务大臣。在此之外，他也绘画，还从事解剖学、地质学、矿物学、植物学、光学等自然科学的研究，在各方面都有卓越的贡献。他在小说方面有《少年维特的烦恼》《威廉·麦斯特的学习年代和漫游年代》，诗剧与戏剧方面有《浮士德》《伊菲格尼在陶里斯》《哀格蒙特》，此外还有自传、论文作品如《诗与真实》《色彩论》等。达·芬奇留下的作品数量虽然不多，但是其艺术成就却众人皆知。此外，他不只是一位艺术家，对于天文学、物理学、地理学、建筑学、兵器制作、机械学、植物学也有相当研究，把文艺复兴的理想（万能的人）几乎完全实现。他的绘画名作，如《蒙娜丽莎的微笑》《圣母子与圣安娜》《最后的晚餐》，都是家喻户晓的；著述方面有《绘画论》；科学方面解剖学、空气力学的研究成果对后来降落伞、直升机的发明有启发性的成就。因此，显而易见的是：伟大的、留下大业绩的人，总是世上把时间开发得最彻底的人。

越努力越幸运

今天的时间是个常数，然而对于那些时间的开发者来说，是个变数，用“分”计算时间的人，比用“时”来计算时间的人，时间或许能多出很多。如果你把每分钟的时间都拉长了，时间就真的为你所驾驭掌控，“三万六千日，夜夜当秉烛”。你不需要夜夜秉烛，但你可以在空闲的时候干点什么，闲暇的时间往往决定了你是一个什么样的人。

>>> 机遇就蕴含在点滴的时间当中

二十多岁的年轻人别以为时间对于你来说不算什么，过了今天还有明天，自己可用的时间还很多。但是，有多少人能想到，浪费时间是生命中最大的错误，也是最具毁灭性的灾难。大量的机遇就蕴含在点点滴滴的时间当中。浪费时间往往是绝望的开始，也是幸福生活的扼杀者……明天的幸福就寄寓在今天的每一分钟里。

在美国近代企业界，与人接洽生意能以最少时间产生最大效率的人，非金融大王摩根莫属。为了珍惜时间，他遭受了许多怨恨。

摩根每天上午9点30分准时进入办公室，下午5点回家。有人对摩根的资本进行了计算后说，他每分钟的收入是20美元，但摩根说好像不止这些。所以，除与生意上有特别关系的人商谈外，他与人谈话绝不在5分钟以上。

通常，摩根总是在一间很大的办公室里，与许多员工一起工作，他不是一个人待在房间里工作。摩根会随时指挥他手下的员工，按照他的计划去行事。如果你走进他那间大办公室，是很容易见到他的，但如果你没有重要的事情，他是绝对不会欢迎你的。

摩根能够轻易地判断出一个人来接洽的目的。当你对他说话时，一切转弯抹角的方法都会失去效力，他能够立刻判断出你的真实意图。这种卓越的判断力使摩根节省了许多宝贵的时间。有些人本来就没有什么重要事情需要接洽，只是想找个人来聊天，而耗费了工作繁忙的人许多重要的时间。摩根对这种人简直是恨之入骨。

每一个成功者都非常珍惜自己的时间。无论是老板还是打工族，一个做事有计划的人总是能判断自己面对的顾客在生意上的价值，如果有很多不必要的废话，他们都会想出一个收场的办法。同时，他们也绝对不会在别人的上班时间去和别人海阔天空地谈些与工作无关的话，因为这样做实际上是在妨碍别人的工作，浪费别人的生命。

一位心理学家在谈到“浪费生命”时说：“如果一个人不争分夺秒、惜时如金，那么他就没有奉行节俭的生活原则，也不会获得巨大的成功。而任何伟大的人都争分夺秒、惜时如金。”

人人都须懂得时间的宝贵，“光阴一去不复返”。当你踏入社会开始工作的时候，一定是浑身充满干劲的。你应该把这干劲全部用在事业上，无论你做什么职业，你都要努力工作、刻苦经营。如果能一直坚持这样做，那么这种习惯一定会给你带来丰硕的成果。

歌德这样说：“你最适合站在哪里，你就应该站在哪里。”这句话可以是对那些三心二意者的最好忠告。

明智而节俭的人不会浪费时间，他们把点点滴滴的时间都看成是浪费不起的珍贵财富，把人的精力和体力看成是上苍赐予的珍贵礼物，它们如此神圣，绝不能胡乱地浪费掉。

无论是谁，如果不趁年富力强的黄金时代去培养自己善于运用时间、集中精力做事的好性格，那么他以后一定不会有什么大成就。世界上最大的浪费，就是把一个人宝贵的精力无谓地分散到许多不同的事情上。一个人的时间有限、能力有限、资源有限，想要样样都精、门门都通，绝不可能办到。如果你想在某些方面取得一定成就，就一定要牢记这条法则。

世界上有很多人埋头苦干，却成就一般，并没有成功地实现创富，但是如果他们充分利用了自己的时间和精力，绝对可以做出更有价值的事情来。

当你每天早上开始工作时，要在心中描绘一下每天时间的珍贵。**如果你知道今天一去不复返，就会好好珍惜每一天**。想想每一分钟对你的意义，怎样使你的时间过得更有价值。要记住，每一秒钟都是弥足珍贵的。

迪安·阿尔福德说：“片刻的时间比一年的时间更有价值，这是无法变更的事实。时间的长短在重要性和价值上并不成正比。偶然的、意想不到的五分钟就可能影响你的一生。但谁又能预料这个重要时刻在什么时候来临呢？”

每天的时光都是造物主赐予我们的珍贵礼物，它新奇、亮丽，充满着各种美妙的机遇。岁月易逝，不要为了无用的念头就虚度年华，浪费精力；不要眼盯着时钟，企盼光阴飞逝；不要虚掷它，不要浪费它，因为你未来的财富就在今天珍贵的时间里。

越努力越幸运

许多人日复一日花费大量的时间去做一些与他们梦想不相干的事情。不要成为他们其中的一分子，让你生命中的每个日子都值得“计算”，而不要只是“计算”着过日子，无论是一分钟还是一秒钟。

>>>把握今天，珍惜眼前的时光

时间并不能像金钱一样让我们随意储存起来，以备不时之需。我们所能使用的只有被给予的那一瞬间，也就是今日和现在。如果我们不能充分利用今日而让时间白白浪费，那么它将一去不返。

张海迪因患有脊髓病，无论做什么事情都只能在轮椅上进行。不久，她做了一次手术，手术后她只能一动不动躺在床上，可她仍然刻苦学习知识，她从镜子里面看书。就这样，她自学了小学、中学的课本，后来又开始自学英语。她对自己要求严格，因此进步很快，渐渐地，她开始替有关部门翻译英语资料。有一次，她翻译了《海边诊所》。当张海迪捧着厚厚的翻译稿来到出版社时，老编辑被她深深地感动了。

张海迪学英语时给自己立下一个规定：每天背熟10个单词，如果背不全，就狠狠地咬几下自己的手指。每天给自己定下的任务一定要完成。

古人曰：今日事，今日毕。这可见古人是多么注重今日的事情今日完成，可是现在在我们的生活中，有的人做事总是拖拖拉拉，今日的事情总是拖到明天去做，甚至拖到后天。有些人遇到一些挫折，就闷闷不乐，他们不知道，只有经受住严峻的考验，并且对自己充满信心，才能走向成功。

人们问富兰克林："你怎么能做那么多的事呢？""您看看我的时间表就知道了。"他的作息时间表是什么样子呢？5点起床，规划一天事务，并自问："我这一天要做些什么事？"上午8点—11点，下午2点—5点，工作。中午12点—13点，阅读、吃午饭。晚6点至9点，吃晚饭、谈话、娱乐、考查一天的工作，并自问："我今天做了什么事？"

美国女作家海伦·凯勒有一篇著名的文章《假如给我三天光明》，她以一个残疾人特有的艺术感觉，描述了一个残疾人对生命、对健康特有的感悟。

对于我们这些耳聪目明、四肢健全的人来说，太阳光下这五颜六色、色彩斑斓的世界实在算不了什么，人世间鼎沸喧闹的人声实在也算不了什么。之所以如此，是因为这些对我们来说实在是再普通不过了。也许正因为如此，我们便毫不珍惜那些似乎极容易得到的东西：色彩、光明、喧闹，乃至于我们的生命。所以，我们身边的大多数人虽然耳聪目明、四肢健全、体格硕健，但却饱食终日、无所事事，到最后并没有取得人生的最后成功。

假如今天是我们生命的最后一天，假如每天都是我们生命的最后一天，我们又如何对待这最后一天呢？

只有那些懂得如何利用“今天”的人，才会在“今天”创造成功事业的奠基石，孕育明天的希望。

人类有史以来，再没有什么日子比“今天”更加伟大。之所以这么说，就因为它是过去所有历史的总结，拥有过去所有的成就与创造的精华。今天的人们，相较于十年、百年前的同龄人而言，所处的境遇是有天壤之别的。

人们靠着蒸汽机、电力的发明，从繁重的体力劳动中解放出来。我们应该感谢过去的人们，因为他们用自己的智慧和辛勤的劳动给今天的人们缔造了一个无比美好的世界。在这样一个世界中，我们应该比过去的人们更勤奋地工作，更愉快地生活，更加努力地为这个世界建立更灿烂的丰功伟绩。

可现实中有些人，总是抱怨生不逢时，总觉得今天的一切简直糟糕透顶，只有过去才是黄金时代。其实昨天、明天都是微不足道的，珍视今天的生活才最为重要，人最应该做的事情就是和今天一同前进，总是怀念过去或者梦想将来都毫无意义。

脚踏实地懂得充分利用现在的人，决不会对将来的未知生活抱太多的幻想，也不会对往日的失败或辉煌过多地追悔留恋，他们清楚，只有珍视今天的生活，才不会使生命变得空虚，变得了无生趣。不要因为下一月下一年的打算而轻视这一月这一年的生活，不要因明日的海市蜃楼而践踏今日脚下的玫瑰，使得本可以建功立业的时机悄悄远去。

每个人都应该好好珍惜眼前的时光，在可以完全把握的今天，多做一些事情，多付出一些行动。正如一个诗人所写的："尽力地装点现在的房屋吧，使之成为最甜蜜、最温馨的场所，何必过多地梦想遥远的华居？"这并不是让人们不计划明天，也不是要人们不期盼明天更美好的事物，而是让我们不要过多地把心思集中在未知的事情上，沉醉于幻想之中，从而错过了今天的风光、今天的机会、今天的成功。

越努力越幸运

昨天是前一个"今天"，明天是下一个"今天"，所以，只有把握了每一个"今天"，我们的生活才没有遗憾。每一个充实的"今天"，可以使每一个"昨天"都值得回忆，可以让每一个"明天"都变得更加美好。做到了"今日事，今日毕"，你才能更深刻地理解到时间的价值。

>>> 合理规划时间就等于创造时间

20多岁的年轻人要懂得一个道理，合理规划时间等于节约时间，等于创造时间。

著名的效率专家查尔斯·菲尔德认为：善于为时间立预算、做规划，是有效管理时间的第一步。

事实上，时间都是“计划”出来的。能够合理规划自己时间的人就等于一天中比别人多出了几个小时。

A、B二人斗智，A出了一个题目让B来完成。这个题目看起来是不可能完成的，即在一个同时只能烙两张饼的锅中，3分钟内烙好3张饼，每张必须烙两面，每面烙1分钟。这样算下来，最少需要4分钟才可能把3张饼烙完。可是A只给了B3分钟的时间，这怎么办呢？

B想了想，突然想到了在3分钟内烙3张饼的方法：这种方法的宗旨就是打破常规的烙饼方法。先烙两张饼，1分钟后，把一张翻烙，把另外一张取出，放入第3张饼，等第2分钟过后，把烙好的饼取出，并将已经烙好一面的饼放入锅中，同时，将第3张饼翻烙，这样等3分钟过后，3张饼就全部烙好了。

歌德说过：**“我们都拥有足够的时间，只是我们未能好好地善加利用。”**假如萧伯纳没有为自己定下严格的规定，保持每天写出5页稿纸的文字，他可能永远只是个银行出纳员。他度过了9年心碎的日子，9年总共才赚了30块钱稿费，但由于他一直把写作当成自己最重要的事情去做，并严格执行自己定下的计划，终于成了世界著名的作家。

看过《鲁滨孙漂流记》的读者都知道，就连漂流到荒岛上的鲁滨孙也不忘每天定下一个作息表。由此可见，我们无论做什么事情，事先都要有一个计划，这样才能保证你有时间完成最重要的事情。

为自己制订一个行程表，是合理规划时间的一个重要方法。只要尝试拟订行程表，原本凌乱不堪的各种预定计划，就会显得条理井然起来。

人们之所以忙得不可开交，究其原因，是因为心中缺乏一个对时间整体上的把握。人们总是习惯在工作即将截止之前，赶紧手忙脚乱地加班熬夜。这种做法经常导致工作水平下降。相反，及早着手准备才是快速完成工作的保障。

富兰克林说：“我们不能向别人多借些时间，也不能将时间储藏起来，更不能加倍努力赚钱买一些时间来用。唯一可做的事情就是把时间花掉。”时间对每个人来说都是公平的，是不可增加、转让、变更和储存的，**只有合理地安排时间，对自己的时间进行管理，才能有规律、有步骤地完成每一项工作。**

必须仔细规划时间，尽量将时间用在有意义的事情上，并有效地安排做事的主次顺序。只有这样，你才能在“时间就是金钱”的法则下游刃有余，赢得主动。

心理学家感叹，无论走到哪里，我们都会听到一种抱怨：“只要我有更多的时间，我就会……”当问到人们喜欢更多地拥有什么东西时，你会得到各种不同的回答：金钱、假期、家庭生活时间、爱好、教育等。再向他们发问，什么才能使他的生活更轻松，你会得到更加一致的答案：“我需要更多的时间！”是的，每个人对于时间都有永无止境的要求。不过现在，你需要改变对时间的态度，并清楚你的时间是多么容易流失。

合理规划时间应当注意以下三点：

1. 制订第二天的工作计划

在你准确地制定了目标并写下来之后，就该制订时间计划了。晚上睡觉前想想第二天的计划准备好了吗？

写下你第二天要做的事情：要会见的人、要执行的任务等与工作有关的事情。再把你生活中的属于其他类别的重要事情添加在单子上。写完之后，把单子放好，忘掉它，开始抓紧时间睡觉。

第二天早晨，你可能会出来活动一下，吃早餐的时候再浏览一下你的索引卡或计算机档案材料。一天中要做的都是这些类似的决定。

2. 要善于有效分配时间

千万不要平均分配时间。应该把你有限的时间集中到处理最重要的事情上，不可以每一样工作都去做，要机智而勇敢地拒绝不必要的事和次要的事。一件事情发生了，开始就要问："这件事情值不值得去做？"千万不能碰到什么事都做，更不可以因为"反正我没闲着，没有偷懒"，就心安理得。

3. 要学会处理两类时间

对于每一个人来说，存在着两类时间：一类是属于自己控制的时间，称作"自由时间"；另一类是属于对他人他事反应的时间，不由自己支配，称作"应对时间"。

两类时间都客观存在，都是必要的。没有"自由时间"，便完全处于被动、应付状态。但是，要完全控制自己的时间在客观上也是不可能的。没有"应对时间"，只有"自由时间"，实际上也就侵犯了别人的时间。因为个人的完全自由必然会造成他人的不自由。

每个人每天都有24个小时。人们用它来投资经营自己的生命，而结果却往往有天壤之别。这其中，如何规划、支配你的时间是关键。使用时间的方式不同，效率自然也就会不同。

越努力越幸运

合理规划时间，你就能够更加合理地利用时间，向时间要效率。掌控自己的时间，是人生中一项基本的任务，它关系到你的人生成败、你的工作效率、你的生活质量，以及你的身心健康。

Part5

要让自己成为一个高素质的人

高尚品德是一个人伟大人格的体现。它不仅表现在外在的素质，更表现在内在的修养，也就是一个人的内心全部的精神体现。从道义上讲，30 岁前的年轻人就应该有人的理性和品德。没有理性和品德的人，生活就没有尊严，生命也就没有硬度。生活没有尊严，生命没有硬度的人，哪儿来的力量可言？

高尚的品德是做人的基本

“做事先做人，品德最关键。”“德才兼备”是我们的先辈评价人才的标准，对于30岁前的年轻人来说也同样适用。但“德”是“才”的前提和保障。只有“有德有才”的人，才是名副其实的人才，才能在社会竞争中如鱼得水、左右逢源。

少德之人，纵有经纶满腹，也不能成大事。因此有位企业领导者曾公开声称：“宁选才差德高之人，不取才优无德之辈。”古往今来，许多具有优良品德的人都会受到人们的尊敬和推崇。

德为导向，才是基础；德靠才来发挥，才靠德来统帅。相对于才而言，德为根本，正所谓：“有德有才是正品，有德无才是次品，无德有才是废品，无德无才是毒品。”

仔细观察，我们不难发现：很多成功者无论做人还是做事，都有着优秀的品德。

青春宝集团董事长冯根生在胡庆余堂当学徒的时候，就认识到规规矩矩做人的重要性。他说起一件奇怪的事：

“我在扫地的时候，经常捡到钱。捡到钱，我就放在抽屉里。每次我捡到的钱，大约相当于现在的20元、30元，我就暂时把它放在抽屉里，第二天一早交给师傅。大概一年多以后，好像就没有了。十几年以后，我师傅80岁，快去世的时候，我去看他，最后一次去看他，那时候已经是1960年了。我的师傅把我叫到床边，他说：根生啊，你还记得吗？今天我该告诉你。我说：什么事？他说：你在当学徒的时候，扫地时捡到钱，你都交给我了，今天我告诉你，这是老板要考你，一共试了你15次，你每次都交。15次以后，老板就说了，这个小孩是诚实的，他捡来的钱都不要，还会去偷吗？

“这时，我才知道原来是这么在考我。我14岁的时候，我祖母70岁了，当我离开祖母身边，去当学徒的时候，路上我祖母告诉我一句话，一定要规规矩矩做人、认认真真工作。规规矩矩做人，老板给你的钱你拿，老板不给你的钱，你一分钱都不能去碰它，现在这句话叫廉政。认认真真工作，就是勤劳，这就像现在对干部的要求，廉政勤劳就是好干部。旧社会教育的语言不同，性质一模一样。因此我记住了，给我的钱我要，不给我的钱我从来不会去拿，一分钱都不要，这教会了我做人的道理。”

有人认为，做人和工作是两回事，这种观念的潜台词是：一个人的品质不佳并不影响他在职场上的成功。其实，这是一种极其糟糕和错误的认识。

中国有句话叫作“做事先做人”，作为一个合格的人，首要学习的就是做人的道理，其次才是学习本领。但是现代社会很多人都本末倒置，更多地看中的是才，而忽视或轻视对做人品德的培养。

当然，我们绝不否认才能在发展和成就事业中的重要性。但是对员工来说，品德比能力更胜一筹。

好的品德对人的一生受用无穷，它就像一粒有生命力的种子，最终能让你品尝到成功的果实。品德拙劣的人，一有机会就很可能做出有损于组织的事来，有这样的人在，社会、单位都不会安宁，这样的人注定难以收获信任与成功。

品是人灵魂的深层体现，人品决定着人工作的效果与成果。从现代管理的角度来看，优秀的人品、高素质的团队，是激发团队竞争力的重要保证，要想实现单位的尽快发展就必须要下大力气提高员工的整体职业品德素养。而对员工自己来说，要想提高自身的职业竞争力，修炼一个好品德应该是最重要的。

当今社会，几乎每一家单位都在不知疲倦地寻找理想的人才，然而同时又有大批拥有高学历的“人才”却始终游走在失业的边缘。为什么会这样呢？

究其原因，用人单位除了关注被选对象的智商、体魄和实际能力，他们更是在不遗余力地寻找拥有职业好品德的人，而现实是：好人品已经越来越成为了宝贵的稀缺资源。

人品决定了人在职业生涯中的方向与地位。人品就像火车的方向、路轨，而才能就像发动机，如果方向、路轨偏了，发动机的功率越大，造成的危害也就越大。一个人如果忽视了人品的塑造，过分地注重技巧、权谋和手段，即使这样的人“才高八斗”，他也会被很多单位拒之门外。

几年前，一家全球知名的跨国公司在招聘员工过程中就发生过这样一件事情。经过笔试、面试、面谈等层层筛选，几百名应聘者中只有不到十人闯入了最后的面试。最后面试那天，这几个应聘者是一个一个接受面试。总经理在面试过程中，并没有过多地考察他们的专业知识。但是，在面试结束时，他对每个人都说了这样一句话：“你还记得吗？半年前，在一个研讨会上，我们就已经见过面了，当时你还宣读过一篇稿子，写得真是不错……”其实，这只是个幌子，总经理本人根本就没有参加过这个研讨会。

但是，除了最后那位女孩外，前面所有的人都顺着总经理的杆子往上爬：“您一提醒，我想起来了，咱们确实见过面。至于说那篇稿子，写得还很不透彻，希望您能多多指教……”只有那位女孩听完总经理的话，心里犯了嘀咕：“总经理肯定认错人了，我就没有参加过那个研讨会，他怎么能认识我呢？可是，否认吧，当着几位考官，太不给总经理面子了；承认吧，也不合适……”最后，小女孩一咬牙，非常从容地回答道：“总经理先生，我想您可能认错人了吧？我当时出差在外，没能赶回来参加这个研讨会。非常抱歉，让您失望了……”说完后，女孩礼貌地站了起来朝外走，她当时已经不抱任何希望了。但是，就在她打开门之际，总经理叫住了她：“小姐，我们决定录用你了。”

事实证明，总经理的决定是正确的。在后来的工作中，这位女孩的工作成绩确实非常突出。

毫无疑问，优秀的品德应当是每一位员工必备的美德。任何一个组织，要想具有竞争力、生命力，必须要具有一批品德高尚的员工。对任何用人单位而言，他们不仅要求员工头脑敏锐、具有专业技能，更重要的是，还应具有正直的品格。能力和品德相比，小到一个单位，大到一个国家，人们真正需要的是后者。

越努力越幸运

谦虚不是把自己想得很糟，而是完全不想自己。如果把自己想得太好，就很容易将别人想得很糟。一个人在朝上走的时候，总是低着头，而往往高昂着头的时候，走的都是下坡路。

>>> 诚信是人生天平上凝重的砝码

不欺骗，不隐瞒，才是正确的人生态度。远离尔虞我诈、圆滑世故，多一份真诚的感情，多一点信任的目光，脚踏一方诚信的净土，就可浇灌出人生最美丽的花朵，夯筑起人生坚不可摧的铜墙铁壁。

美国的前总统林肯在竞选总统时，对选民讲话时很注意诚实。他没有钱，竞选时没有坐专车，而是按普通乘客买票坐车，每到一站，朋友们就为他准备好一辆耕田用的马拉车。他就站在马车上向选民们演说：“有人写信问我有多少财产，我有一位妻子和一个儿子，都是无价之宝。此外还租有一个办公室，室内有桌子一张，椅子三把，墙脚还有大书架一个。架子上的书值得每个人一读。我本人又穷又瘦，脸蛋很长，不会发福。我实在没有什么可依靠，唯一可依靠的就是你们！”林肯这些话给人们留下了很深刻的印象，被称为“诚实的林肯”。他之所以能当选总统及在美国人的心目中排在历届总统之首，甚至超过开国总统华盛顿，主要就是靠着他的诚实。

在华盛顿举办的美国第四届全国拼字大赛中，南卡罗来纳州冠军——11岁的罗莎莉·艾略特一路过关，进入了决赛。当她被问到如何拼“招认”（avowal）这个词时，她轻柔的南方口音，使得评委们难以判断她说的第一个字母到底是A还是E。

评委们商议了几分钟之后，将录音带倒带后重听，但是仍然无法确定她的发音是A还是E。

解铃还得系铃人。最后，主评约翰·洛伊德决定，将问题交给唯一知道答案的人。他和蔼地问罗莎莉：“你的发音是A还是E？”

其实，罗莎莉根据他人的低声议论，已经知道这个字的正确拼法应该是A，但她毫不迟疑地回答，她发音错了，字母是E。

主评约翰·洛伊德又和蔼地问罗莎莉：“你大概已经知道了正确的答

案，完全可以获得冠军的荣誉，为什么还说出了错误的发音？”

罗莎莉天真地回答说：“我愿意做个诚实的孩子。”

当她从台上走下来时，几乎所有的观众都为她的诚实而热烈鼓掌。

第二天，有一篇报道这次比赛的短文：《在冠军与诚实中选择》。短文中写道，罗莎莉虽没赢得第四届全国拼字大赛的冠军，但她的诚实却感染了所有的观众，赢得了所有观众的心。

年幼的罗莎莉给我们所有人做出了榜样。然而，我们中的很多人都在不同程度上具有不劳而获的欲望，这种欲望引导人们不知不觉地放弃了诚信。并且，它还能加深人的错觉，让人一如既往地做下去，对现实完全辨认不清，最终导致不良后果。所以，**如果我们想获得持久性的成就，就必须确立并坚持诚信这一原则**，在生命航船受到诱惑之风袭击时，保持高尚的道德品质，不致偏离航向。

总之，诚信是一枚凝重的砝码，放上它，我们生命的天平就不会摇摆不定，我们生命的指针将稳稳地指向一个方位，那里，正是我们的理想。

越努力越幸运

诚信的力量，是人生根本的精神力量；诚信的智慧，是人生根本的智慧，人人皆有，与生俱来。用诚信的智慧，唤醒诚信的心灵，我们以诚信待人，人们就会以诚信回报。

>>> 谦逊是自信与高尚的融合

在二十几岁的年轻人看来，谦逊似乎已经变成一种缺点，很多人认为它会妨碍我们实现自己的宏伟目标。而实际上，谦逊有着令人难以置信的力量，它是自信与高尚的融合。它以“我们”为中心，而不是以“我”为中心，它只是暂时地舍弃注意力和荣誉。一个谦逊的人能无声地、持续地创造惊人业绩，因为他着眼的是比个人一时得失更远大的事业。

富兰克林在自己的回忆录里陈述说：“我定了一条原则，避免与别人在情绪上发生直接冲突，避免说绝对的话。我不用那些代表绝对的词和表达方法，比如肯定、毋庸置疑等。取而代之的是我感觉、我理解、我想。当别人做出我认为错误的断言，我不会幸灾乐祸地马上反驳，而是对他说，在某种情况或环境下，他的说法可能是正确的，但现在的情况不是这样。这种作风让我尝到了甜头，我参与的谈话都变得很愉快。我以谦逊的态度提出的意见让人很容易接受；当我错了的时候，很少受到嘲笑；当我碰巧对了的时候，很容易让别人放弃错误的立场来支持我。最初我强迫自己运用这种方式，后来发现这很容易坚持，到最后就变成了习惯。也许在过去的半个世纪里，从没有人听我说过武断的话。”没有人能全知全能，这是我们需要合作的原因。**无论是否有能力和天赋，必须把你的才智与谦逊结合起来。**

再者，一个人手上的权力往往使其具有比平常人更大的人性弱点——不能正确听取别人对你的意见。虽然也很乐意让下属多提意见，但是，当意见真提出来的时候，可能会不以为然，也可能会心里不高兴。多数情况下，他们会假装有兴趣，点头听着，然而，绝不会因为别人的建议有任何行动。古罗马元老院议员在演讲时，有专门的仆人站在他身后，对他不断耳语“记住，你是凡人”。同样，我们也需要经常告诫自己，或时常有人提醒你。

谦逊首先表现在语言上，因此，话语要以缓和的语气开始，这表示要创造一个中立、可靠的气氛，让大家放弃对立情绪。虽然语气和缓，但是话语要直接、清晰，并尽量从别人的话题切入。要进行友好的探讨，不要针锋相对，不要炫耀自己的知识和才能，以下是一些缓和语气的句子，正确地使用它将使我们受益匪浅。

1. 陈述自己的优势时，要强调外在因素以冲淡优越

倘若你被派去单独办事，别人去没办成，而你却一下子办妥了。这时，你若开口闭口“我怎么怎么”，只能显出你比别人高一筹，聪明能干，而招致妒忌。如果你说，“我能办妥这件事，是因为我卖力肯干”，就容易让人觉得你处于优位是理所当然的，因而会妒忌你的能干。

但如果这么说：“我能办妥这件事，一方面是因为前面的同志去过了，打了基础；另一方面多亏了当地群众的大力帮助。”这就将办妥事的功劳归于“我”以外的外在因素，从而使人产生“还没忘了我的苦劳，我要是有群众的大力帮助也能办妥”这样的借以自慰的想法，心理上得到了暂时的平衡。“我”在无形中便被淡化了。

2. 言及自己的优势时，应谦和有礼以淡化优越

人处于优位自是可喜可贺的事。加上别人一提起一奉承，更是容易陶醉而喜形于色，这会无形中加强别人的妒忌。所以，面对别人的赞许恭贺，应谦和有礼、虚心，这样，不仅显示出自己的君子风度，淡化别人对你的妒忌，而且能博得对你的敬佩。

“小李毕业一年多就提了业务副厂长，真了不起，大有前途呀!祝贺你啊!”在外单位工作的朋友小张十分钦佩地说。“没什么，没什么，老兄你过奖了。主要是我们这儿水土好，领导和同事们抬举我。”小李见同一年大学毕业的小王在办公室里，便压抑着内心的欣喜，谦虚地回答。小王虽然也妒忌小李的提拔，但见他这么谦虚，也就笑盈盈地主动招呼小李的朋友小张：“来玩吗？请坐啊!”

不难想象，小李此时如果说什么“凭我的水平和能力早可以提拔了”之类的话，那么小王肯定心理不平衡了，进而与小李不难以相处才怪。

3. 不宜在优越者的同事、朋友面前特意夸奖优秀者

显然，谁都希望处于优位而得到他人的夸奖，但事实上总会有悬殊的差别。当同事、朋友各方面条件都差不多，其中有人处于优位，别人若不提及，有时还不觉得。一旦有人提起，其他人听了就不好受，难免会妒火中烧。所以，作为不会对此妒忌的旁人，一定不要在优越者的同事、朋友面前特意夸奖优秀者。

某单位宣传部干事小张在较有影响的报刊上发表了几篇理论文章。团委小高在工会宣传干事小王面前羡慕地夸奖道："小张真不错，最近又有一篇文章在某某刊物上发表了!"小王顿时敛住笑容，酸溜溜地说："他有那么多闲工夫，发两篇文章有什么了不得了？哼!"小高见状，自知失言，让小王觉得挂不住脸了，只好尴尬地点头笑了笑，走出工会办公室。这里，小高就是犯了大忌：在可能产生嫉妒的敏感区偏偏又增添了引发妒忌的"发酵剂"。

4. 突出自身的劣势，故意示弱以淡化优越

如同"中和反应"一样，一个人身上的劣势往往能淡化其优势，给人以"平平常常"的印象。当你处于优位时，注意突出自己的劣势，就会减轻妒忌者的心理压力，使其产生一种"他也和我一样无能"的心理平衡感觉，从而淡化乃至免去对你的嫉妒。

5. 不要当众说"我们怎么怎么"，而给人以"厚此薄彼"之嫌

在众人面前谈某群体中的某人时，若说"我们很要好""我俩情同手足""我和你们单位的某某交情很深"之类的话，对方很容易产生"你厚他薄我"的冷落感。因为这种复数关系的称谓具有明显的排他性。对方会觉得被你称为"我们"中的人员是优位的而滋生不满。

6. 强调获得优位的"艰苦历程"以淡化竞争

通过艰苦努力所取得的成果是很少被人妒忌的，如果我们处于优位确实是通过自己的艰苦努力得到的，那么不妨将此"艰苦历程"诉诸他人，加以强调以引人同情，减少忌妒。

比如，在邻居、同事还未买电脑的时候，你却先买了。为了免受"红眼”，可以这么说：“我买这台电脑可不容易。你们知道我节衣缩食积攒了多少年吗？整整6年啊！辛苦啊！我们夫妻俩都是低工资，一毛钱一毛钱地攒，连场电影都舍不得看，太难了！”

听了这些话，对方就很难产生妒忌之心。相反，或许还会报以钦佩的赞叹和由衷的同情。

越努力越幸运

谦逊不是退让，也不是懦弱，而是一种智慧的迂回，是一种自信的谦虚。谦逊者用高尚的品质感化他人，融化不必要的矛盾和竞争。

>>> 正直的人可以畅行于天地之间

英国《泰晤士报》的总编西蒙·福格，经常给人讲一个关于护士与纱布的故事。

这位护士才20多岁，刚从学校毕业，在一家医院做实习生，实习期为一个月，在这一个月内，如果能让院方满意，她就可以正式获得这份工作，否则，就得离开。

一天，交通部门送来一位因遭遇车祸而生命垂危的人，实习护士被安排做外科手术专家——该院院长亨利教授的助手。复杂艰苦的手术从清晨进行到黄昏，眼看患者的伤口即将缝合，这位实习护士突然严肃地盯着院长说："亨利教授，我们用的是12块纱布，可是你只取出了11块。"

"我已经全部取出来了，一切顺利，立即缝合。"院长头也不抬，不屑一顾地回答。"不，不行。"这位实习护士高声抗议道，"我记得清清楚楚，手术中我们用了12块纱布。"院长没有理睬她，命令道："听我的，准备缝合。"这位实习护士毫不示弱，她几乎大声叫起来："你是医生，你不能这样做。"

直到这时，院长冷漠的脸上才露出欣慰的笑容。他举起左手里握的第12块纱布，向所有的人宣布："她是我最合格的助手。"

这位实习护士理所当然地获得了这份工作。

西蒙真是聪明而又用心良苦，他不厌其烦地说那位实习护士，是因为他非常明白，一个人仅有敏锐的头脑是不够的，更重要的是还要有正直的品性。

正直的品性总是为真正的睿智者和成功者所推崇。正直是什么？美国成功学研究专家A·戈森认为，在英语中"正直"一词的基本含义指的是完整。在数学中，整数的概念表示一个数字不能被分开。同样，一个正直的人也不会把自己分成两半，他不会心口不一，想一套，说一套——因为实际上他不可能撒谎；他也不会表里不一，信一套，干一套——这样他才不会违背自己的原则。我们坚信，正是由于没有内心的矛盾，才给了一个人额外的精力和清晰的头脑，使得我们获得成功。

（1）正直意味着高标准地要求自己。许多年前，一位作家在一次倒霉的投资中损失了一大笔财产，趋于破产。他打算用他所赚取的每一分钱来还债。三年后，他仍在为此目标而不懈地努力。为了帮助他，一家报纸愿为他组织一次募捐，这的确是个诱惑，因为有了这笔捐款，意味着可以结束折磨人的负债生涯。

然而，作家却拒绝了。几个月之后，随着他一本轰动一时的新书问世，他偿还了所有剩余的债务。这位作家就是马克·吐温。

（2）正直意味着有高度的名誉感。著名的世界建筑大师弗兰克·赖特曾经对美国建筑学院的师生们说："这种名誉感指的是什么呢？那好，什么是一块砖头的名誉感呢？那就是一块实实在在的砖头；什么是一块板材的名誉感呢？那就是一块地地道道的板材；什么是人的名誉感呢？这就是要做一个真正的人。"弗兰克·赖特恰恰如此，他不愧为一个忠实于自己做人标准的人。

（3）正直意味着具有道德感并且遵从自己的良知。马丁·路德在他被判死刑的城市里面对着他的敌人说："去做任何违背良知的事，谈不上安全稳妥，也谈不上谨慎明智。我坚持自己的立场，上帝会帮助我，我不能做其他的选择。"

（4）正直意味着有勇气并坚持自己的信念，这一点包括有能力去坚持你认为是正确的东西。

（5）正直意味着自觉自愿服从，从某种意义上说，这是正直的核心，没有谁能迫使你按高标准要求自己，也没有谁能勉强你服从自己的良知。

第二次世界大战期间，一位美国陆军上校和一位中士开车拐错了弯，迎面遇上了一个德军的武装小分队。两个人跳出车外，都隐蔽起来。中士躲在路边的灌木丛里，而上校则藏在路下的水沟中。德国人发现了中士并向他的方向开火。上校本来是不容易被发现的。然而，他却跳出来还击——用一把手枪对付几辆坦克和机关枪。结果，他被杀害了，那个中士被捕入狱。后来，中士对人们讲述了这个故事。

为什么这位上校要这样做呢？

因为他的责任心强于他对自己安全的关心，尽管没有任何人勉强他。

正直使人具备冒险的勇气和力量，正直的人欢迎生活的挑战，绝不会苟且偷安，畏缩不前。一个正直的人是充满自信的。

正直经常表现为坚持不懈、一心一意地追求自己的目标，拒绝放弃努力，有坚韧不拔的精神。“我们绝不屈从，无论事物的大小巨细，永远不要屈从，唯有屈从于对荣誉和良知的信念。”温斯顿·丘吉尔是这样说，也是这样做的。

正直的人都是抗震的，似乎有一种内在的平静，使他们能够经受住挫折甚至是不公平的待遇。

林肯在1858年参加参议院竞选活动时，他的朋友警告他不要发表演讲。但是林肯答道：“如果命里注定我会因为这次讲话而落选的话，那么就让我伴随着真理落选吧！”他是坦然的。他确实落选了，但是两年之后，他就成了美国总统。

怎样才能做一个正直的人呢？第一步就是要锻炼自己在小事上做到完全诚实。即使当我们不便于讲真话的时候，也不要编造小小的谎言，不要去重复那些不真实的流言蜚语，不要把个人的电话费用记到办公室的账上等。

这些事听起来可能是微不足道的，但是当你真正在寻求正直并且开始发现它的时候，它本身所具有的力量就会令人们折服。最终，我们会明白，任何一件有价值的事，都包含有它自身不容违背的正直的内涵。

越努力越幸运

正直还会给一个人带来许多好处：友谊、信任、钦佩和尊重。人类之所以充满希望，其原因之一就在于人们似乎对正直具有一种近于本能的识别能力——而且不可抗拒地被吸引。

>>> 遇事冷静，能操控自己的情绪

人要成功，必有大胸怀。一个拥有大胸怀的人，势必要海纳百川，能容常人不能容之事，而这种胸襟最明显的表现手法就在于，有效地控制自己的情绪。所以，要成大事，必要学会操控自己的情绪。

对于30岁前有冲劲的年轻人来说，学会冷静着实不易。

愤怒的人其内耗是极大的，其理智的判断和美好的前程都可能丧失在自己偏激的怒海之中。做人要忍，尤其是那些性情暴躁之人，一定要控制好自己的情绪。当然在人生当中，不利的情绪有很多种，我们在此暂不一一指出，只单独谈谈愤怒对于人生的不利影响。遇事不要轻易发火，要学会克制，否则，得罪的人多了不利于自己日后的发展。

现实生活中，**因一时愤怒酿成大错或大祸的事，绝非少见**。其中，美国著名的巴顿将军就有过这么一次。

巴顿将军某日来到前线医院看望伤员。他走到一病号前，病号正在抽泣。

巴顿将军问："为什么抽泣？"病号抽泣说："我的神经不好。"

巴顿又问："你说什么？"病号回答说："我的神经不好，我听不得炮声。"

巴顿将军立刻毫无理智地大发雷霆："对你的神经我无能为力，但你是个胆小鬼，你是混蛋！"之后，巴顿又给了这个病号一个耳光，并喊道："我不允许一个胆小鬼在我们这些勇敢战士面前抽泣！"他火上浇油，又毫不犹豫地给了那个病号一耳光，把病号的军帽丢至门外，接着大声对医务人员说："你们以后不能接受这种混蛋！他们一点儿事也没有，我不允许这种没有半点男子汉气概的胆小鬼在医院内占位置。"

巴顿将军转头又对病号吼道："你必须到前线去！你可能被打死，但你必须上前线！如果你不去，我就命令行刑队把你毙了。说实话，我现在

就想亲手把你给毙了。”

这件事很快被披露，在美国国内引起了强烈反响。好多母亲要求撤巴顿的职，有一个人权团体还要求对巴顿进行军法审判。

尽管后来马歇尔从大局出发，巧妙解决了这件事，但巴顿还是因为打骂士兵而声名狼藉。这种轻率、浮躁的作风以及偏见，也为他战后被撤职埋下了祸根。

轻易动怒，既伤身又损利，明智的人是不会那么冲动，随便宣泄自己愤怒的情绪的。因为一些小事而跟人争斗甚至打官司，是不利于延年益寿的。

除了愤怒之心，要极力避免的还有嫉妒之心。嫉妒心人人都有，它是一种很正常的情感，也是拥有健康心态的证明。看见自己很难做的事，别人可以轻易地完成，因而出现嫉妒的情绪，这纯属正常且不至于造成别人的困扰。如果你只是一味地嫉妒，让人生充斥着不满的情绪，就无法享受快乐的生活。如果将嫉妒的负面情绪转换成正面情绪，那就成了快乐生活的出发点。

同样的，**成功者控制自我情绪还表现在保持自己的低姿态上。他们总是能够意识到控制自己的必要，**因为，有时候为了利益的最大化，人们往往是需要委屈自己，放低姿态，从而达到目的。

刘备为得到诸葛亮，曾经去请了三次诸葛亮，最后一次去的时候，关羽老大不高兴，张飞干脆说用一根麻绳把诸葛亮捆来算了。刘备耐心地解释，跟他们说了周文王谒请姜子牙的故事，作为大圣人的周文王尚且如此礼贤下士，自己怎么能对贤人无礼呢？三个人远远地看见诸葛亮的茅屋，还有半里远，刘备就下马步行，表示对诸葛亮的尊重。来到诸葛亮的家里，正好碰上诸葛亮在睡觉，刘备没有打扰他，恭恭敬敬在阶前站立了半晌，直到诸葛亮醒来。刘备身为州郡之长，能这样低三下四对一个儒生，着实不易。但他最后得到的，远比一时的失去面子多得多。

所以，我们都要知道，人要有低姿态，因为没有比胜利更令人陶醉的事了。但是胜利往往是最危险的事。成功者即使在功成名就时也应该时刻保持清醒的头脑，居安思危，得意忘形只会给自己带来麻烦。

所以，我们要知道，人应该拥有大胸怀。“大人不计小人过”，即不与别人一般见识，首先在气度上战胜对方，让对方感觉到他自己是锱铢必较的小人，从心理上就无招架之功。洪应明的《菜根谭》中有这样一句话：“处世让一步为高，退步即进步的根本；待人宽一分是福，利人实利己的根基。”为人处世随和，一面后退，一面心情愉悦地赞赏别人，这是君子风范，是大人的处世哲学。宽厚的性情在与人交往的过程中容易让对方感到安全，没有戒备的松懈有利于彼此交流真实的情感，通往对方内心深处的大门也会因此而畅通无阻。

越努力越幸运

襟怀坦荡的人对生活便总是能够抱着豁达宽容的态度去面对人世纷争和冲突。得势饶人，不仅能够缓解矛盾，而且能够提升形象，何乐而不为呢？

>>> 强者时运不济也依然锁定希望

在人生的征途上，需要携带的东西很多，但有一样东西千万别遗忘，那就是希望。希望是宝贵的，它犹如孕育生命的种子，可以随处发芽。只要抱有希望，人生便不会走向穷途末路。我们必须清楚，一个人不可能总是一帆风顺的。在时运不济时永不绝望的人，才有可能咀嚼到生命的真味，享受到卓越的芳华。

绝望从形式上讲是听天由命，从本质上讲是自断生路。若期望走向康庄大道，万万离不开永不绝望的精神。而永不绝望，则需要你坚信天无绝人之路，选择之后依然会有选择，而每一种选择都孕育着希望的胚芽，唯有如此，才能以坦然而非痛苦的心态来面对选择，才能审时度势，依据理性的力量而非空洞的情感来对待选择。

李·艾柯卡曾是美国福特汽车公司的总经理，后来又成为了克莱斯勒汽车公司的总经理。作为一个聪明人，他的座右铭是："奋力向前。即使时运不济，也永不绝望，哪怕天崩地裂。"他1985年出版的自传，成为非小说类书籍中有史以来最畅销的书，印数高达150万册。艾柯卡不光有成功的欢乐，也有挫折的懊丧。他的一生，用他自己的话来说，叫作"苦乐参半"。1946年8月，21岁的艾柯卡到福特汽车公司当了一名见习工程师。但他对和机器做伴、做技术工作不感兴趣。他喜欢和人打交道，想搞经销。

艾柯卡靠自己的奋斗，由一名普通的推销员，终于当上了福特公司的总经理。但是，1978年7月13日，他被妒火中烧的大老板亨利·福特开除了。当了8年的总经理、在福特公司工作已32年、一帆风顺、从来没有在别的地方工作过的艾柯卡，突然间失业了。昨天他还是英雄，今天却好像成了麻风病患者，人人都远远地避开他，过去公司里的所有朋友都抛弃了他，这是他生命中最大的打击。"艰苦的日子一旦来临，除了做个深呼吸，咬紧牙关尽其所能外，实在也别无选择。”艾柯卡是这么说的，最后也是这么做的。他没有倒下去。他接受了一个新的挑战：应聘到濒临破产的克莱斯勒汽车公司出任总经理。

艾柯卡，这位在世界第二大汽车公司当了8年总经理的事业上的强者，凭他的智慧、胆识和魄力，大刀阔斧地对克莱斯勒汽车公司进行了整顿、改革，并向政府求援，舌战国会议员，取得了巨额贷款，重振企业雄风。1983年8月15日，艾柯卡把面额高达81 348万多美元的支票，交到银行代表手里。至此，克莱斯勒还清了所有债务。而恰恰是5年前的这一天，亨利·福特开除了他。

如果艾柯卡不是一个坚忍的人，不敢勇于接受新的挑战，在巨大的打击面前一蹶不振，偃旗息鼓，那么他和一个普通的下岗职工就没有什么区别了。正是不屈服挫折和命运的挑战精神，使艾柯卡成为了一个被世人敬仰的英雄。在现实生活中，**我们也需要有永不绝望的精神，这样我们才能利用忍耐去等待机遇、寻找机遇、创造机遇**，才能走出“山重水复疑无路”的迷茫，体验到“柳暗花明又一村”的豁然。

你的心态是你真正的主人，要么你去驾驭生命，要么生命驾驭你。你的心态决定谁是坐骑，谁是骑手。总是受过去的种种失败与疑虑所引导和支配的人，注定一生碌碌无为。

越努力越幸运

成功人士则总是用最乐观的品质、最积极的思考和最丰富的经验支配和控制自己的人生。只要我们心存希望，不懈地努力，就终会迎来灿烂的太阳。

>>> 不为金钱所惑，不为名利所累

人生一世，始终会与名利相伴，选择什么样的名利观就选择了什么样的人生。选择贪婪就选择了低俗，选择淡泊就选择了高尚。要做一个成就非凡的人，就不能被困在名利做主的单极世界里，应该跳脱出来，让眼界更开阔，让自己拥有更宝贵的品质。

日本企业家小池先生在20岁时曾在一家机器公司当推销员。有一段时间，他推销机器非常顺利，半个月内就同25位顾客做成了生意。有一天，他突然发现他现在所卖的这种机器比别家公司性能的机器贵了一些。

他想："如果顾客知道了，一定以为我在欺骗他们，会对我的信誉产生怀疑。"于是深感不安的小池先生立即带着合同书和订单，逐家拜访客户，如实地向客户说明情况，并请客户重新考虑选择。他的行动使每个客户都很感动。此举也为他带来了良好的商机荣誉，大家都认为他是一个值得信赖的正直的人。结果，不但25个人中没有一个解除和约，反而给他带来了更多的客户。

小池先生不为金钱所惑，不为名利所累的高尚情操，让他赢得了更多。

这给我们的启示是，对于金钱、名利，视之越重，害处越大；视之越轻，益处越多。贪婪者会以生存为借口掩饰自己对金钱的贪欲，但是人格高尚、成就卓越的人从来不需要这些借口。因为他们不会为了名利舍弃自己的尊严和良知。也只有这样的人才不会为名利所负累，才会在人生之路上走得更远，在超越平凡的高峰上攀得更高。

我国古代将军的名号很多，按照封号来说，有镇国将军、辅国将军、靖逆将军等；按照官职来说，有上将军、大将军、前后左右将军等；按照绰号来说，有断头将军、啖睛将军、铁血将军等。然而东汉开国皇帝汉光武帝刘秀麾下的冯异却有一个与众不同的名号——"大树将军"。

原来，冯异为人谦虚退让，遇事隐忍，虽然功勋卓著却从不居功自傲。他每在路中遇到诸将，不论官职高低、战功大小，皆驱车让路。刘秀带领众将军行军打仗时，每次战斗结束后，将领们总是坐在一起，高谈阔论，论功谈赏。而冯异则常常独自避坐大树之下，静静地思考着战斗的经验得失，久而久之，将士们看到他独特的风格和淡泊名利的态度，便戏称他为“大树将军”。攻破王朗后，刘秀整编部队，把投降的将士分给诸将军，结果众军士纷纷表示愿意归属“大树将军”，刘秀因此对他更为欣赏，屡屡委以重用。

冯异之所以能够长期得到重用，善始善终，就在于他才大而不气粗，居功而不自傲，有一个正确的名利观。

一个人要有正确的名利观，就要有远大的理想和目标。如果心中没有远大的目标，势必只会看重眼前的蝇头小利。综览古今中外无数英雄伟人的精神境界，不难发现，只有视事业重如山，才能做到看名利淡如水。另外，还要善于控制自己的欲望。正所谓：“人到无求品自高。”名利本身并不是人生追求的终极目标，但在物质生活日益丰富的环境下，金钱、名利对人的诱惑就会越加强烈。如果抵御不了这种诱惑，就可能走上不归路。

总之，对名利的不同认识和选择，是衡量一个人人生观价值观先进与落后的重要尺度。名利观，实质上是人生观价值观的综合反映。

越努力越幸运

正当地追求名利，没有错，在遵法守纪的前提下获取名利，值得鼓励。但凡事过犹不及，倘若整日想着追名逐利，甚至不择手段，名利就变成了名缰利锁，不仅会使人道德沦丧，还可能把人拖向罪恶的深渊。

Part6

漫漫人生路，要找准自己前进的方向

目标，对于二十几岁的年轻人有导向性作用。人生当中，你树立了目标，并为此目标付出过、奋斗过，你才会成功。反之，没有目标，就没有发展的大方向，就没有成功的动力，你就会失败。

>>> 给自己定位，明确人生的方向

二三十岁的年龄，正是面对生活挑战的时候，所以正确认识自己，给自己定一个明确的方向，才不至于像无头的苍蝇一样乱撞。

对自己的认识不是一次可以完成的，不仅要建立在反馈基础上的自我动态调节，也要借助别人对自己的中肯意见。

有两件学林轶闻值得我们深思。一是著名的史学家方国瑜。他小时除刻苦攻读学堂课程外，还利用节假日跟从和德谦先生专攻诗词。他钦佩李白、羡慕苏轼，企望自己有朝一日也能成为一名诗人。但一晃六七年，却始终未能写出一篇像样的诗词。1923年，他赴京求学，临行时和德谦先生诵玉阮亭“诗有别才非先学也，诗有别趣非先理也”之句以赠，指出他生性质朴，缺乏“才”“趣”，不能成为诗人，但如能勉力，“学理”可就，将能成为一个学人。方国瑜铭记导师深知之言，到京后，师从名家，几载治史，就小有成就，后来著成《广韵声汇》和《困学斋杂著五种》两本书。从此他立定志向，终生致力于中国史学研究。

著名史学家姜亮夫也有类似经历。20世纪20年代，他考入清华大学研究院。当时他极想成为“诗人”，把自己在成都高等师范读书时所写的400多首诗词整理出来，去请教梁启超先生。不料梁启超毫不客气地指出他囿于“理性”而无才华，不适宜于文艺创作。姜亮夫回到寝室用一根火柴将“小集子”化成灰烬。诗人之梦醒了，从此他埋头攻读中国历史、语言、楚辞学、民俗学等，终于取得一系列成果。可谓“失之东隅，收之桑榆”。

在现实生活中，人们往往忘记自己的存在，忘记对自己的关爱，从不去问“我从哪里来，我到哪里去”之类的问题，偶尔想起，也不过茫茫然一片空白。

在人生这个舞台上，正可谓：乱哄哄，你方唱罢我登场，反认他乡是

故乡；甚荒唐，到头来都是为他人做嫁衣裳。

要给自己一个准确的定位，就要探讨认识自己的问题。这里所说的认识并不是像曹雪芹在《红楼梦》中所讲的道理一样，**对于那些身外之物我们还是应该去追求的**。我们不反对去追求“身外之物”，更不鼓励人们这辈子禁欲，下辈子进天堂享福。

正好相反，我们要极力鼓励人们去追求现实的身外之物，因为毕竟只有这些身外之物才能反映出我们今生今世过得好不好，才能看出我们这辈子活得值不值。但同时我们也绝对不赞同将这些身外之物当作唯一。那些将身外之物当作唯一的人，当追求得到满足后，又会很迷茫，结果是找不到“自己”，不知该往哪里去，于是会堕落，寻求感官享受。

可见人必须清楚地认识自己，不但要建设极大丰富的物质家园，同时还需要建设自己的精神家园。做人固然要追求物质，但在追求物质的同时，一定要有精神。没有精神，任何物质都经不起人们的推敲；没有精神，任何物质都无法使人得到最大的满足。

人首先应该给自己一个定位，自己到这个世界上来究竟是干什么的，必须有个十分清晰的描述。离开了这个描述，人就会迷茫，就会失去前进的方向，就会在一个个十字路口徘徊，这样的人生是没有意义的。

研究自己的目的就是更清楚地认识自己，找到与自己的素质相对应的目标，找到这一目标后，才能攻其一点，攻出成果，由此及彼，不断扩大。

越努力越幸运

“认识你自己”被公认为希腊哲人最高智慧的结晶。一个不断经由认识自己、批判自己而改造自己的人，智慧才有可能渐趋圆熟而迈向充满机遇之路。

>>> 确定一个目标，避免“羚羊思维”

如果有人问你“今年1年里及未来5年中有什么明确的目标”时，你会怎么回答？假设你的回答是：“我没有想过，我不清楚。”那么你未来的发展，就陷入了泥沼。

大多数人对于未来都抱着顺其自然的态度，很少有人会认真地思索，总认为“命里有时终须有，命里无时莫强求”。其实这种看似乐观的想法，换一个角度看完全是一种消极的人生态度。**想要坚定地走在人生旅途上，越过那些障碍，你必须有目标。**

为了达到你的目标，你必须避免那种被美国心理学家考克斯称之为“羚羊思维”的东西。

一次，考克斯和约翰一起进行了一次凌晨穿越伦吉提大平原的飞行。那里景色非常优美，他们能看见大象、狮子和大群羚羊结队穿过整个平原。

“羚羊的数量这么大，真是一件好事啊！”他们的非洲导游注意到他们正盯着那一大群羚羊沉吟时说道，“否则，这个物种很快就会灭绝。”

考克斯问他为什么这么说，他笑了，然后指着一头停止奔跑的羚羊说：“你将会注意到那头羚羊跑不了多远了。它停下来不是因为意识到有什么重要的事情需要思考，也不是因为它累了，而是因为它太愚蠢以至于忘记了当初它为什么要奔跑，甚至有时候竟在最不适当的时候停下来。我曾经看见它就停在它的天敌旁边，有时甚至向某个天敌走过去，似乎它已经忘记了这是否就是同一种在几分钟以前让自己惊慌失措的动物。它就差冲上去说：‘嘿！狮子先生，你饿了吗？在找午餐吗？’如果不是有一大群羚羊的话，我想这整个种群将在几个星期之内被消灭干净。”

当时，考克斯在热气球上很容易去嘲笑那些羚羊，而在这次飞行结束以前，他发现自己有了一个很有趣的想法——在现实的商业世界中，他曾经见过同样的问题。

是不是有许多人有规律的举动让你想起那些羚羊呢？他们有不错的主意，他们为自己设立了一个目标，而且为这个目标努力了1天或者仅仅半天。也许他们只是谨慎地四处溜达了40分钟罢了。40分钟以后，他们发现自己并没有达到目标。然后他们就会对自己说："嘿，这太难了。这比我想象的难多了。"接着他们就会永远停在那里一动不动。

为了避免"羚羊思维"，二十几岁的你**必须确定一个目标，然后坚持不懈地向它努力**。你不想在路上停下来，而且当你的天敌逼近的时候，当然更不想停下来。当每天结束的时候，你必须好好总结一下，并且问自己："距离我为自己设定的主要目标，今天我又走近了多少？"如果你对这个问题的真实答案是，今天你没有为达到目标做出任何有意义的行动，也就是说今天你停在路上，那么你必须从明天开始让自己振作起来。

越努力越幸运

人生规划要及早制订。因为，当许多人还没有明白"人生计划"重要性的时候，你已抢先制订，并认真执行了，你就已经走在他们的前面，赢在了起跑线上。这样你抢占了先机，就会赢得成功的希望。

>>> 好的目标创造前途改写命运

目标是一种目的，一种意向，是个可以实现的梦。确立目标，然后勇往直前，这也是我们在奋斗过程中战胜压力的精神基础。

目标能够激发出难以置信的能力，改写一个人的命运，甚至使一个行走不便的人成为一个传奇人物。

有一位房产商人，居然记不清自己手头到底有多少宗交易。他先是做1座建筑物的生意，接着增加到两座，后来目标更大了，终于扩展到别的业务。他说："那时候刺激得很，我在挑战自己的极限。"

有一天，银行来了通知，说他扩张过度冒了太大风险，并停止信贷。于是这位奇才失败了。起初他怨天尤人，埋怨银行，埋怨经济环境，埋怨职员。最后他说："我明白我没量力而为，才造成欲速不达。"

后来他找到了一个重要目标，也是他最拿手的生意——发展地产。他熬了好几年，做事也更有分寸了。

有自知之明地选择一个适合自己的目标，分清轻重缓急，组织好有助于这个目标实现的活动，这样你就会激励自己不断做出成绩，越来越接近成功的目标。

你必须忠实地分析自己的处境，在原来的目标废弃之后，强迫自己另谋生计，重新掌握生活，创造前途。

很多人说他们自己才20岁，太年轻，不敢创业；到了30岁又说资金不足，还是不能冲动；到了40岁又说有家庭的牵连，妻子、孩子都需要他，所以他不能出去创业；到了50岁，又说太老了，他们一辈子从来没有一天是成功的。

很多人很年轻就成功了。华人首富李嘉诚16岁时开始做推销员，18岁时成为公司的业务经理，20岁时成为公司的总经理，22岁就创办长江实业。很多成功人士都比你年轻，可他们为什么能成功呢？成功与年龄无关。

世界上不少失败者的一生其实并没有犯过大错，但由于本身弱点太多，懦弱而无能，目标是有了，但干什么都半途而废，一有挫折便自暴自弃，不求上进，意志不坚强，忍耐力难持久，敢作敢为的决断力也没有，因而使他们陷入失败的境地。假如他们能从中彻底反省，超越自我，**树立一个明确的目标，立下决心，持之以恒，他们的前途必将是一片光明**。因此，无论什么时候，要经常提醒自己坚持下去。

要真正实现超前一步，战胜压力，选择合适的人生坐标，实现自己的人生梦想，又谈何容易！它除了要求我们要有渊博的知识、敏捷的思维、较强的预见能力，选择恰当的岗位和抓住成功的机遇外，还需要一系列其他条件，例如要紧跟时代步伐，不断地给大脑充电，增补新知识，还要消除自身一些不良习惯对于成才的影响，等等。这所有的条件，都是我们实现自身理想的重要基础，缺一不可。这就是为什么有人能够平步青云，不断地一步步地走向成功，而另一些人却不断地受挫，举步维艰。

越努力越幸运

有了明确的目标，也就是创造了一种前途，也就是以坚强的决心抵御了失败的侵扰。你有坚不可摧的内心，那些外界的不良因素又怎能伤害到你呢？

>>> 好目标激发动力达成愿望

什么是好目标，一个好目标的最根本的因素是什么？

判断一个目标是不是好目标的最根本的标准，就是看它是否能够激发你的动力。在一些著名人物的传记中，我们经常可以看到：他们往往要等上很多年，才能够获得成功。

英国作家托尔金把自己半辈子的心血都花在他的三部曲史诗《行会首领》上。法国的萨特几乎用了10年的时间来写他的第一本书。在10年之中，萨特只专心撰写这唯一的一本书，三易其稿，可是最后却遭到了所有出版商的拒绝。试想一下：如果没有一个远大的愿望和梦想支撑着他们，他们能有这么大的动力吗？如果他们没有自己的梦想作为动力，他们又怎么会牺牲自己生命中这么多宝贵的时间呢？很多艺术家长达数年地专攻一幅画作、一本小说或一部戏剧，他们过着完全没有保障的生活，常常陷入贫困，经济拮据，但是所有这一切他们都可以置之不理，只为了能够使自己的梦想成真。演员、歌唱家和舞蹈家也是如此，虽经几年的奋斗仍然不成功，但是他们却从不轻易放弃自己的理想，他们当中有许多人是过了很久才成名的。如果问他们："付出这么多艰辛值得吗？"他们会回答说："必要的话，还将一直这么做下去。"

一个人丰富的内心世界和梦想在他人的眼里也许会显得"很古怪"，但是这恰恰是一个人真正拥有的财富。**凡是努力工作、具有创造力的人，其最终目的就是为了实现自己的愿望**。如果一个人没有了自己的愿望，那他就根本不可能有什么动力。

一个人如果对自己的事业充满热爱，并选定了自己的工作愿望，就会自发地尽自己最大的努力去工作。

你在纸上写下的愿望越多，说明你的动力也就越大。不过，对于你自己的每一个愿望你都得首先弄清楚下列问题：

（1）这个愿望对你意味着什么？

（2）如果这个愿望能够得以实现，你将会有多快乐？

（3）还有谁和你一样对此感到高兴？

（4）这个愿望对谁有好处？

（5）你自己从中得到了什么？

（6）这个愿望和其他的愿望有什么关联？

回答了这些问题以后，你将会发现，你可以借此来明确区分出重要的和不重要的愿望以及各项任务的重要程度，你的各个愿望之间都是有关联的。

当你写下具体的愿望时，还要认真思考下列问题：

（1）要想实现我的每个愿望，我会遇到哪些阻力？

（2）谁会对我的这个愿望持反对意见？

（3）他为什么会反对？

（4）我的这个愿望对谁不利？

（5）为什么我到现在才想起这个愿望？

（6）要实现这个愿望，将会有多难？

从你的答案当中，你将会认识到：在你逐步实现某一愿望时，来自内部的阻力要比外部的阻力大得多。首先，你自己的信念还不够坚定。只要坚信你的愿望一定能够实现，那么来自外部的阻力是可以克服的；而内部的阻力往往得不到我们足够的认识，也就很难去排除它了。很多人总把自己一生当中不顺利的事情归罪于别人，或者借口说是遇到了太多的麻烦，却很少从自身来寻找失败的原因。所以，每当树立一个愿望时，其轮廓越鲜明，你对实现这一愿望的信心也就越强。

越努力越幸运

有规划的人生必定是美好的，因为你有目标，更有达到目标的道路可走，道路或许很坎坷，但你很有方向，你心里明白：沿着这条路走下去，你离目标只会越来越近，而不是南辕北辙。虽然你并不知道你生命的尽头与道路的尽头哪个先到，但你只要有一口气在，你仍然向着那个目标前进，依然心存希望。如此的人生是快乐的。

>>> 制定目标需要参考的 4 个因素

有些人似乎经常迷失方向。一会儿向东，一会儿向西；一下子试试这，一下子又试试那，似乎永远没有定向。他们的问题很简单，就是他们不知道自己追求的是什么。如果你也不知道所追求的是什么，那就永远不会有击中目标的一天。

美国汽车巨头福特曾经特别欣赏一个二十几岁的年轻人的才能，他想帮助他实现自己的梦想。可这个男人的梦想把福特吓了一大跳：他一生最大的愿望就是赚到1000亿美元——超过福特财产的100倍！

福特问他："你有了那么多钱以后做什么？"

年轻人迟疑了一下说："老实说，我只觉得那才能称得上是成功，至于做什么我也不大清楚。"

福特说："一个人果真拥有那么多钱，将会威胁整个世界，我看你还是先别考虑这件事吧。"

之后长达5年的时间里，福特拒绝见这个年轻人，直到有一天年轻人告诉福特他想创办一所大学，他已经有了10万美元，还缺少10万。福特这时才开始帮助他，他们再也没有提起过1000亿美元的事。

经过8年的努力，年轻人成功了，他就是美国著名的伊利诺伊大学的创始人本·伊利诺伊。

为了成功，你必须制定自己的目标。**只有拥有梦想的人才能建立好的人生目标**。有梦想才能建立你的雄心壮志，也更坚定不移，无暇使情绪转坏。那么怎样制定成功的目标呢？你需要参考以下四个因素。

1. 适应社会需要

任何人才的成功，都是顺应历史潮流，按照时代方向努力奋斗的结果。人才具有鲜明的时代特征。现代社会需要各个领域、各种类型、各个层次的人才。如果哪一个领域、哪一种类型、哪一个层次出现空白，那就是社会需要为你提供了成才的机会。这个社会需要弄潮儿而不是隐者，如果你偏偏喜欢做隐者，那恐怕连基本温饱都成问题。所以，只有自己的目标与社会需要相一致，才可能成长起来。

2. 发挥最佳才能

每个人都有多种才能。这些才能可分为最佳才能、较佳才能、一般才能。成才者，通常是最佳才能或较佳才能与成才目标一致发展的结果。就人才而言，成才有三种类型：再现型、发现型、创造型。再现型人才善于积累知识；发现型人才驾驭知识的能力强，并时常有所发现；创造型人才具有敏锐的洞察力和丰富的想象力，一些重大发明和突破，往往产生于他们手中。但“发现自己”并非易事，自己属于哪一种才能类型，哪一种才能是自己的发展最佳才能，往往需要经过反复实践才能发现。

3. 发展性格优势

一个人已经形成的性格，如果与自己的职业、目标不相适应，尽管其他主客观条件都已具备，仍难以达到理想的目标。一般说来，开朗、活跃、热情、温和，比较适于当演员和从事社交活动；多疑好问、深沉、严谨、求实，比较适于治学；勇敢、沉着、果断、顽强，比较适于当军事家或领导人。立志成才者应权衡自己的性格特征，发挥性格优势，扬长避短，方可取胜。

4. 满足兴趣

人们往往既有广泛的兴趣，又有一个比较稳定、持久的中心兴趣。中心兴趣能使人获得渊博的知识，发展某个方面的特殊才能，使活动富有创造性。人们的成果多集中在中心兴趣的延伸线上，这几乎已成为一条定律。

越努力越幸运

人生规划会随着社会环境的变化，个人的兴趣也会有变化。以前觉得适合自己的人生目标，过一阵子，可能就觉得不太适合自己了。这种变化也很正常，并不能说明没有必要拟订“人生规划”。你根据自己的实际情况，及时调整人生目标，这也是很正常的。

>>> 制定目标需要遵守的5个原则

一位作家有一次坐在车上看到旁边一辆空计程车违规肇事了，就对司机说："空车没有载客，应该从从容容地开才对，为什么还会违章呢？"

正在驾驶的司机却侧过脸回答："就因是空车，所以容易出事！驾驶空车的司机因为急于找客人，总是东张西望，注意力不集中；有时正要左转，心想右边客人或许多些，又临时改为右转，所以速度虽不见得快，却最易出事。倒是载了客人的车子，司机心里有一定的方向，纵使开快，也不容易肇事。"

司机说的这话真有道理！我们人生不也是如此吗？**认定方向的人，速度快而平稳；没有志向而彷徨犹豫的人，不但速度慢，且容易出错。**制定目标也是同样的道理。

以下是制定目标需要遵守的5个原则。

1. 明确而具体

刘易斯·沃克是美国财政顾问协会前总裁，他曾经接受一位记者的采访，当记者问他："到底是什么原因使人无法成功？"沃克回答说："模糊而抽象的目标。"

记者请他做进一步的解释。

沃克说："我在几分钟前就问你，你的目标是什么？你说希望有一天可以拥有一栋山上的小屋，这就是一个模糊且抽象的目标。问题就在'有一天'不够明确，'山上的小屋'不够具体，也就是说，你希望那栋小屋是什么样子的，购买它需要多少钱，你心中没有清楚的图像。因为不够明确具体，所以成功的机会也不大。如果你真的希望在山上买一间小屋，你必须先找出那座山，了解清楚你想要的小屋的现在价值，然后考虑通货膨胀，算出5年后这栋房子值多少钱；接着你必须决定为了达到这个目标每个月要存多少钱。如果你真的这么做了，你在不久的将来就会拥有一栋山上的小屋。”

勃生特在《富豪的心理》一书中指出：“我研究过的富豪，每一个都有确切的目标，都明确具体地为自己写下过要赚的钱的数额，并同时确定了完成这一目标的时间表。”

目标就是目力可达、可识、可辨的标记，因此它必须是明确的，具体的。**只有明确而具体的目标，才会让人采取明确具体的行动。**

明确的目标不仅是结果明确，它还意味着目标制定过程逻辑清晰、思路得当、有策略水平。

具体的目标就是数字化的目标，它反映了目标的科学性和严谨程度，便于在操作中进行均衡权度。

目标要像市场上的电子秤，称什么，摆在盘子里清清楚楚；称多少，显示在刻度上，明明白白。

2. 大胆而详细

汽车大王亨利·福特生动地描述过他要普及汽车大胆而详细的目标，他说：“我要为世界上所有的人制造一种汽车，它售价便宜，只要是有正当工作的人都买得起，可以和家人一起享受在大地上奔驰的美好时光。当我的心愿完成时，每个人都买得起汽车，每个人也都会有辆车，马匹会从马路上消失，汽车会成为理所当然。除此而外，我们还会以丰厚的薪酬为许多人提供就业机会。”

这是一个美丽动人而又富有感召力的情景描述，正是在这样大胆而详细的目标指引下，亨利·福特终于建起了他的汽车王国，并开创了属于他的汽车时代。

大胆而详细的目标，是激励进步的有效方法，所谓大胆，就是要令人振奋，超乎想象；所谓详细，就是要科学合理，清晰可见。感性与理性有机结合，激励与约束互相配合，这样就能使目标明晰而具有驱动力，能集中个人的能量，并激发战斗精神。

只有大胆才能长效久行，只有详细才能激发活力。用大胆的目标产生动力，用详细的目标形成助推力，一个成功者的事业规划必然是大胆与详细的完美契合。

3. 远大而合理

所有谈论成功的书籍都在告诉我们："每一个成功者都有一个伟大的梦想。"借着这句话，我们依样去做，可是没有成功。这是为什么呢？

梦想一定要远大，但是设定的目标一定要合理。远大就是不要把精力投入到琐碎之事上，以免被其耗空能量而无所作为。必须让自己的能力空间张大，给才华以施展的空间，从而让时间产生明确而深远的价值。合理就是顺应大方向、大潮流、大趋势，合乎逻辑、规律、变化。目标合理，才能左右逢源，合体合用，一往无前。

4. 切实而可行

人应该务实一点！当我们建立了确定的理想和决心要达到这个目标时，还有一个值得注意的问题，它就是这个目标切实可行吗？

不肯实际地掂量自己的能力，总对自己要求过高，总想做到最好，有时是不现实的。例如，你想成为一位伟人，可你又没有具备成为伟人的种种能力和实力，到头来，你的这个目标与现实条件差距太大，只能沦为空想。所以，**确立目标时，认清现实环境是非常重要的。**

为了达到的目标切实而可行，往往需要注意以下几点：

（1）目标应用明确的词句说明；

（2）宽泛的目标能合理地延伸为明确的短期目标；

（3）对于目标的完成，应该具备计算其成功程度的能力；

（4）目标对于你应该有实际意义，而且与你的价值和长期目标协调一致；

（5）给每个虽然紧张但并非不可能实现的目标订立一个完成的期限；

（6）辨认你所有目标中隐含的能力目标，这样你才知道你应该加强什么；

（7）顾及环境，这样你的目标才算实际；

（8）辨别不同的目标的重要性，衡量后制定优先顺序；

（9）要简单，3个深刻的目标胜过30个琐碎的目标。

5. 具有挑战性

一个真正的目标必定充满挑战性，正因为它具有挑战性，又是由你自己选择的，所以你一定会积极地去完成它。

越努力越幸运

朝着目标不断努力，还要在每个阶段总结自己的成绩，及时发现哪里做得好哪里做得不好，错了就及时改正过来。只要朝着它去不断努力不断追求，就不会迷失，就不怕失败。

Part7

磨刀不误砍柴工，随时充电提升自我

“知了”蜕壳，不断“解放”之后，最终获得的是“飞翔”的能力。20多岁前的年轻人要知道，学习的根本目的是获取能力，而不仅仅是记忆和积累知识，比如“懂了但不会做”就是指掌握了知识，但没有获得能力。学习就是要学习到方法与技巧，有了这样的方法与技巧，学习知识后，就形成专业知识并经过实践形成一种能力，所以说学习是所有能力的基础。

>>> 专注于学习，虚心求教

无论对于个人和集体，重视学习是最为重要的。没有勤奋好学之心，个人不能进步；没有好学的氛围，集体的发展也停滞不前。建立学习型企业，培养学习型人才已经是当代社会的要求。20世纪70年代名列《财富》杂志世界500强排行榜的大企业，有三分之一已经销声匿迹了，这些被淘汰的企业和企业领导者面临的困境或许大不相同，然而他们大都有一项失误，那就是忽略了学习的重要性。

天赋可以作为我们优于他人的资本，而后天的学习能让我们在其他领域各有所长，从而在不同的岗位创造不同的奇迹。**学习让一个人由无知变得智慧，让社会从愚昧走向进步**。每个人要想成大事业，必须具备相关的知识，而学习的过程就是获得知识、充实自己的过程。学习的重要性远远大于天资等先天条件，勤能补拙，倘若我们能够认识到学习的重要性，重视学习，那么你就比别人懂得更多，做得更好。

学习的过程中我们还要不忘向别人请教，让对方帮助自己、指正自己。工作上多向同事请教，可以认识到自己的不足，领略他人的长处。遇到不懂的难题向老板、师长和专业人士请教，可以让我们避免走弯路。向成功人士和强于自己的人请教，可以让我们的能力更强，从而使自己跻身于成功者的队伍。

专心学习，虚心求教，不仅是我们做事的态度，更是我们做人的良好修养。

1. 深入学习，提升专业水平

有一个人很不满意自己的工作，他愤愤不平地对朋友说：“我的老板从来不把我放在眼里面，好像没有我这个人一样。明天我一定要当着他的面把文件扔到地上去，然后辞职再找一个工作。”

他的朋友反问他：“你现在对这个公司从事的贸易种类都熟悉了吗？

对他们客户的情况都清楚了吗？”

“那倒还没有。”

“君子报仇十年不晚，你现在离开的话，他也不在乎，你不如好好地把你们公司所有的贸易种类、客户情况都搞清楚，然后把办公室要干的日常工作都学会，然后再辞职不干，”他的朋友向他提出建议，“就把这个公司当成是一个免费学习的地方，等你什么都熟悉了，再一走了之，那不是更出气吗？”

这个人听了觉得很有道理。他回到公司之后像变了一个人，为了尽快离开，他利用每一点闲暇的时间学习业务知识，连去复印材料的路上都会一边走一边研究文件的写作方法。

一段时间以后，那个朋友又遇到了他，问道：“你现在可以实施你的报复计划了吧？”

“可我发现最近以来我的老板越来越重视我，我已成为公司的红人了!”

他的朋友笑道：“我早料到的!原来你天天为老板不重视你而生气，业务上不出色也不肯努力学习。现在你排除怒气，痛下苦功提高业务水平，自然会吸引老板的注意。只知道抱怨老板的态度，却不会反省自己的能力，这是人们经常会犯的毛病啊!”

要想成就一番事业，就需要有一笔资本，资本就在你自己身上，那就是努力、进取与高度的社会责任感。所以我们应尽量培养本领，并将它积存起来，这是我们安身立命的根本。

2. 请教他人，学习别人的长处

在公司市场营销部工作的小文很烦躁，因为公司连着四个月的业绩评比表中，小文都在小华之下。屈居第二，他很不服气。他以为自己功夫下得不比小华少，资历也比她老，怎么可能落在她后面呢？小华这个进公司不到三年的小妮子，所掌握的客户资源竟然是他这个元老的1.5倍。小文心里很不服气，但冷静下来一想，人家肯定有超过自己的地方，自己与其使气，不如虚心求教。

有一天，他特意邀请小华一起健身，并诚恳地请教一些问题。小华说了一些自己做营销的心得："其实也没什么，只不过是我看书多、上网多、领悟快、进步大一些罢了。做营销，发展新客户是一条路，而盘活老客户更重要。如果老客户感觉到你的诚信和友善，你的信誉和热情，他可能就会把他的亲朋好友介绍给你，成为你的新客户。

"我特别准备了一个笔记本，记录客户的特殊情况，好在细微处做文章，比如出差时顺便看望客户刚刚考入该地大学的孩子，或者在特殊的日子里，替当日有重要会议的人送一束鲜花给他的家人……我不觉得这是工作以外的琐事，相反，干这些工作就要有'功夫在诗外'的精神。

"我为每位老客户都设立了生日档案，他们过生日，我会亲自做一张精致的贺卡，并配上小礼物邮寄给他们，很多客户收到时都深受感动，特地打电话表示感谢……"

小文听了这些，恍然大悟，原来如此。在以后的工作中，他也用起了这几招，果然业绩迅速攀升，与小华旗鼓相当了。而且，他和小华的关系也更加密切，成为很好的朋友。

求教于人不但能让你在工作的迷途中找到方向，更快地前进，还能改善与同事的人际关系，工作起来更加舒心快乐。

3. 请老板和师长指教，努力使方向不偏离

近代著名商人黄楚九是跟老板学习创业的典范。

黄楚九十五六岁的时候，到上海一家药店当学徒。他首创了给顾客送药的服务，受到极大的欢迎，使老板的生意大有起色，也赢得顾客的好感。

有一天，他跟一个好心的老太太借钱，买下了一间小房，又找人刻了块牌匾"黄楚九药店"。此时他对经营并不懂，也没有流动资金。他回去跟老板讲："我要开一家药店。"老板心里想，你在我这里打工干得挺好的，怎么又想着开药店了呢？就问他："那你会吗？"他老实地回答道："我不会，但我想把药店租给你，我还在这里给你打工。"

老板想了想，又看到这个药店地理位置挺不错的，就答应了。于是，老板付给他150块大洋，他租给老板3年。

这样，他有了一点儿钱后，就再买下一家药店，用这样的方式，又连续开了7家药店，并且都租给了老板。老板有钱，又懂经营。他就一边帮着老板经营，一边偷偷地跟老板学。

但他跟老板还有一个条件，就是这几家药店到租期后，“黄楚九药店”的牌匾不能摘，到时候还归他经营。就是靠着这样的办法，他3年后总共有了8家连锁店，结结实实地赚到了自己的“第一桶金”。

后来他药店的生意很快地就超过了原来的老板，并建起了“大世界”娱乐场，在当时名扬中外。

自己不懂的东西，可以求教别人，多问多动脑，这是很好的求知的方法。比如，你想成为一名优秀的企业家，那么你就应学习研究成功企业家的经营理念、经营手段和方式、竞争手段和方式，然后从中总结出经验教训，取得自己的成功。

越努力越幸运

年轻人，要学会学习，一定要明白在什么时间，从周围吸收什么能量来完善自己，丰富自己。这样才会让宝贵的青春少走弯路。不断研究自己的专业知识，不断丰富自己的行业经验，要在某一方面有所建树，以此为支点，才能撬起你整个人生。

>>> 把好的方法汇总就是经验

大部分工作其实很简单，在那些优秀的人看来，这些工作能潜移默化地给予他宝贵的经验。无论在什么样的工作环境中，也不管从事哪种档次的工作，他们都可以学会不少东西。如果我们在每一项工作中都深信这一点，那么生活自然会好起来。

职场人的学习渠道至少有三种，一种是“学习与工作分离”，一种是“在工作当中学习”，另外一种是“把学习放在工作中”。在微软，据统计，员工工作中的技能和知识，70%是在工作中学习获得的，20%是从经理、同事处学到的，剩下的10%是从专业的培训中获取而来的。

“在工作当中学习”和“把学习放在工作中”是两种最有效的学习方式，它们能使承担某项业务的“门外汉”最迅速地转化成“合格者”，并最终成为一个很“专业”的人才。那些能在工作中发现自己的欠缺，并努力在工作中弥补自己所欠缺知识的人，可以从工作的经历中学到最多。此外，我们还可以学习前人积累的知识、经验，并从中借鉴，避免走岔道、走弯路。

我们应该广泛涉猎多种知识，学习解决问题的方法并加以总结。结合所学的知识，学以致用，提高自己运用知识和活化知识的能力，这样才能使我们的学习过程转变为提高能力、增长见识和创造价值的过程。**只有知识与能力相得益彰，相互促进，才能帮助我们发挥出前所未有的潜力和作用。**

1. 在工作当中学习

洛克菲勒去一家公司参加求职面试时，一位人事官员问他：“你想找个什么样的工作？”

“我要你们所有的工作中薪水最低的工作。我急需要一份工作。”洛克菲勒说。

“来吧，我们聘用你了。”

洛克菲勒十分高兴。他感到这是他生活中的低潮阶段，他无业、无家，可以说在这个世界上孤苦伶仃。他感到需要一个起点，甚至是最底层的一个起点。

第二天一早，他去上班，被安排在组装线上。他的工作是将带着铜铆钉的带子缠绕在铁环上。那时公司正在为陆军制造机车手提灯。他的薪水是每小时20美分。

他发现手工劳动有趣而令人满意。这一工作对他并不难。然而，头一天在组装线上，钉铆钉时锤子就把他的手重重地砸青了。他很担心这一事故对工作造成不便，在得到了老板许可后在下班后继续留下来，研究出一个能用受伤手指工作的办法。

他在车间里寻找，终于找到了他需要的工具和材料。他制造了一个木头节子，它能把铆钉固定住，可以毫不费力地做他的工作。

第二天他很早就起来去试用他新制的工具。他在其他工人到来之前开始做工。惊人的成功！这个木节子能固定住铆钉，不用他的手去扶，如同多了一只手，这样他能比原先用手扶的方法做更多的活。老板夸奖了他的新改进。

有了这个木节子，他的工作速度比原先加快了一倍。有了剩余时间，他向老板要求更多的工作，被委以一大堆杂务。他帮助组装线上的妇女调整工作台的高度，使她们干得顺手，也提高了效率。他在任何可能的环节中协助他的老板。他总是来得很早，下班后也留下帮助清理整顿，为第二天做准备。这是份不错的工作，满足了他当时的需求。

公司里的人对他就像对自己家里人一样。有一次他结识了奥林·哈维——公司的采购员。一天哈维问他：“你为公司工作感觉如何？”

“不错，”洛克菲勒说，“但我对钉铆钉有点烦了。我想找点更具有挑战性的事情做，我可以学到更多的东西。”

“你愿不愿意到采购部门做一个订货员？约翰。”哈维问。他解释了订货员的职责，并说借此你可以了解到整个公司的生产程序，他强调说，所有生产成品所需的材料都要经过订货员这一程序。洛克菲勒当然愿意。

他个人的努力工作和解决问题的能力被认可并被奖励。一年之内，从每小时薪金20美分的组装线工人升到了采购部，继而又被提升为灯光部门的经理助理。这以后不久，他被任命为工业关系部主任。

好的工作方法是在书本上学不到的，只有在工作实践中，通过不断的探索、总结和从他人的工作经验中不断积累和收获。工作上按方法做事，才能提高工作效率。工作经验丰富的人，都善于总结方法并将好的方法运用到实践中，收获最大的效益。

2. 向成功人士取经

美国有一位名叫阿瑟·华卡的农家少年，在杂志上读了某些大实业家的故事，很想知道得更详细些，并希望能得到他们对后来者的忠告。

有一天，他跑到纽约，也不管几点开始办公，早上7点就到了威廉·B.亚斯达的事务所。亚斯达开始时并不喜欢这个年轻人，然而一听少年问他："我很想知道，我怎样才能赚得百万美元？"他的表情便柔和并微笑起来。也许钦佩他的雄心和勇气吧。两人竟谈了一个钟头。随后亚斯达还告诉他该去访问的其他实业界的名人。华卡照着亚斯达的指示，遍访了一流的商人、总编辑及银行家。

在赚钱这方面，他所得到的忠告并不见得对他有帮助，但是能得到成功者的知遇，却给了他自信。他开始仿效他们成功的做法。又过了两年，这个青年成为他学徒的那家工厂的所有者。后来他又成为一家农业机械厂的总经理。不到5年，他就如愿以偿地拥有百万美元的财富了。这个来自乡村粗陋木屋的少年，终于成为银行董事会的一员。

洛克菲勒对儿子说："一个人要成功，当然需要不断地行动与积累经验，然而得到经验最快的方法，就是向一些成功者询问，请他们给你一些建议，请他们告诉你，你做对了什么事情，做错了什么事情，或让他们用他们的智慧指导你，这样比你看任何书籍都要有效。"

3. 自学和"偷艺"获得经验

一位优秀的年轻人打算拥有一家自己的汽车销售代理店。因为他明白自己没有经验，所以就到一家大型销售店工作。在那期间，即使犯了错误，损失也是由雇主承担，不必自己掏钱。自学是很难有效率的，但他见样学样，很快就把这一行的基本知识都学到手了。他在三年后独立出来，借了一笔钱，开始了他的二手车推销业务。之后不到两年，他的店铺被指定为大型汽车厂家的特约代理店，走上了事业大发展之路。

另有一位编辑朋友，他不仅能抓到一流的好稿，而且校对功夫也很了得，成为行业中的精英。他有什么秘诀吗？原来他在平时工作中不摆编辑架子，不耻下问，终于感动了一位有20年校龄的老校对，给他传授了不少校对经验。同时他还在与美术部门打交道时懂得了书籍装帧方面的一些窍门，并且也非常注意装帧方面的书籍及动态，后来居然也成了半个行家。在与财务部门打交道时，他也很留意书刊的经济核算与成本核算，因此他对自己策划的每本书盈亏状况都心中有数。他说，这些只需要平时留点心就行了。

要想做事少碰钉子、减少失误，最聪明的办法就是多参考他人的意见，因为这些意见常常是他们付出代价换来的经验之谈。比如，向同事学招，看看他们遇到难以解决的问题时，是怎样克服困难的，这样有助于自身能力的提高。

越努力越幸运

世上所有的经验，都是由“事情”积累而来的。在你的成长过程中，每经历一件事情，都是给你提供了一次极好的直接学习的机会。实践是学习的最高境界，而“事情”所体现出来的，就是实践。你的工作其实就是“做事”，你所做的每一件事，都是你学习的机会，如果你能够充分利用这些机会，在每一件事情被你解决的过程中，你所学得的知识与技能必然有所增加。

随时充电，不忘自我投资

现代社会的人才处于不断折旧中，而学习是防止人才折旧的最好方法。

随着信息时代新知识的膨胀性扩展，企业管理人员最终意识到，企业内部人力资源必须通过不断的开发，企业员工所具有的知识与技能才能完成再生及再利用，否则这种“易耗型资源”将会随时消耗殆尽。

在学识与经验上的努力，是我们在危急关头最有力的支持。一个建筑师，平时他只要拿出一半的经验，就足以应付一般工作，可是到了重要关头时，就必须搬出他所有的技术、学识与经验来应付；一个商人，平时他可以随意经营，但不会就此下去，他必须学会更大的本领，好在遇到逆境时搬出来应付。

我们在初入社会时，要有尽可能多的准备。在初创事业时，或许只要一部分学识就足以应付，但随着事业渐渐发展，就必须把所有的学识都搬出来应用。

所以，累积起来的学识与经验，是成功的资本。**累积起来的资本是无价之宝，我们必须趁年轻时把握机会，努力学习。**

我们所拥有的唯一真正的资产就是自己的头脑，这是我们所拥有的最强有力的工具。随着工作的变化，我们每个人都要不断向自己的大脑里注入各类知识，以满足不同工作的需要。

在当今知识经济的社会里，知识越发凸显出它超常的价值，在知识和信息方面落后于人，很快就会被社会淘汰。因此，自我投资非常重要，在必要的投资上不能舍不得花钱，它给你带来的效益可能远远超过你对它的投入。我们都明白“知识用时方恨少”的道理，往往在你需要的时候，比如在应聘一个重要职位的时候，才发现现学是来不及的。所以，平时就要了解社会发展的动态和趋势，了解什么是当前社会中最有用的知识，要尽快地去掌握它。这样机会到来时，你才会发现你比别人有更大的筹码和胜算。

随着职场进入了后学历时代，学历之外的“素质训练”将被用来证明你比别人更优秀。为此，我们需要树立自我投资的意识。

1. 求知无止境，学习不设限

晋平公是春秋末期晋国的君主。他晚年的时候想学一些知识，可是总觉得自己已经老了。

有一天，他向乐师师旷求教说：“我现在已经70多岁了，很想学些知识，恐怕太晚了吧？”

师旷回答：“晚了，为什么不点蜡烛呢？”

晋平公没有听懂他的话，生气地说：“哪有为臣的这样戏弄君王的！”

师旷说：“我怎么敢跟您开玩笑！我记得古人说过：少年时爱好学习，就像日出的光芒；壮年时爱好学习，就像太阳升到天空时那样明亮；到老年还能爱好学习，就像点燃蜡烛发出的亮点。蜡烛的亮光虽然微弱，但同没有烛光在昏暗中愚昧地行动相比较，哪一个更好一些呢？”

晋平公点了点头说：“你说得真好！我已经明白了。”

学习是一种乐趣，也是一种积极的工作。我们不应该用自己的条件来限制学习的自由，如果我们对学习充满热情和兴趣，就没有什么学不会的。只要有想学习、愿意学的动力，就会觉得快乐和轻松。

2. 提升竞争力，做足自己

一位搏击高手参加比赛，自负地以为一定可以夺得冠军，却不料在最后的竞赛上，遇到一个实力相当的对手。双方皆竭尽了全力出招攻击，搏击高手警觉到，自己竟然找不到对方招式中的破绽，而对方的攻击往往能够突破自己的防守。

他愤愤不平地回去找他的师父，在师父面前，一招一式地将对方和他对打的过程再次演练给师父看，并央求师父帮他找出对方招式中的破绽。

师父笑而不语，在地上画了一道线，要他在不擦掉这条线的情况下，设法让这条线变短。

搏击高手苦思不解，最后还是放弃继续思考，请教师父。

师父在原先那条线的旁边，又画了一道更长的线，两者相较之下，原先的那条线看来变得短了许多。

师父开口道："夺得冠军的重点，不在于如何攻击对方的弱点。正如地上的长短线一样，只要你自己变得更强，对方正如原先的那条线一般，也就无形中变得较弱了。如何使自己更强，才是你需要苦练的。"

人们所欣赏的那些成功人物都是通过竞争和不断地创新逐渐脱颖而出，成为各个领域的佼佼者的。他们的竞争意识与自我创新力并非与生俱来，而是在后天的奋斗中逐渐形成。通过学习，将自己历练成有胆有识、敢于竞争的强者。

3. 丰富学识，增长才干，发掘兴趣，让自己"有能量"

某位学子不远千里四处访师求学，为的是能学到真才实学，可是让他感到苦恼的是，他学到的知识越多，却越觉得自己无知和浅薄。有一次他遇到一位高僧，便向他倾诉了自己的苦恼，并请求高僧想一个办法让自己从苦恼中解脱出来。

高僧听完了他所诉说的苦恼后，静静地想了一会，然后慢慢地问道："你求学的目的是为了求知识还是求智慧？"那位学子听后大为惊诧，不解地问道："求知识和求智慧有什么不同吗？"

那位高僧听了笑道："这两者当然有所不同了，求知识是求之于外，当你对外在世界了解得越广，了解得越深，你所遇到的问题也就越多越难，这样你自然会感到学到的越多就越无知和浅薄。而求智慧则不然，求智慧是求之于内，当你对自己的内在世界了解得越多和越深时，你的心智就越圆融无缺，你就会感到一种来自于内在的智性，也就不会有这么多的烦恼了。"

一个有广博知识的人不一定有很高的智慧，同样一个有很高智慧的人也不一定有很广博的知识。一个人的学习能力、思维能力比获取知识本身要重要得多。

越努力越幸运

我们要想在这个高智能的时代生存，就必须提高我们的脑力，丰富学识。我们还要改变传统的学习观念，不仅要学习知识，更要培养学习的能力，增长业务的才干，使自己更富有智慧，更具备能量。

>>> 人生就是不断学习提高的过程

对于30岁前的年轻人来说，“学习”这个词语并不陌生，因为，很多人是才从校园里走出来的。但是，又有多少人知道，步入社会后，“学习”仍然是年轻人必须面对的事情？在这个知识经济的时代，学习已不再被认为是求学时的事，学习的内涵已经发生了很大的变化。学习已经没有时间的分隔、人员的界定和学习场所的限制，学习已变成了终身的事情，人们必须随时随地地学习，因此学习能力的提高远比学习知识更重要。知识毕竟是在不断更新的，那么如何提高自己的学习能力呢？

在一次英语讲座中，一位听众问讲演者：“现在，《疯狂英语》在各高校相当流行，你能谈谈对《疯狂英语》的看法吗？”讲演者笑着答道：“《疯狂英语》我也看过，我并不想具体地评论这本书的优缺点，但是我要告诉大家《疯狂英语》好就好在‘疯狂’二字上。要想学会英语，先理解‘疯狂’二字，让自己‘疯狂’起来，疯狂地去学它，这样你才能有一定的收效。如果你在学习英语时能投入一股疯狂的劲，什么书你都一样能学好。所以说来说去，归根结底最终还是得靠你自己。”

听了这段话，我们应有所感悟：无论我们做什么学什么，**只要我们投入全部精力，疯狂地去做、去学，这个世界上的事没有你学不会的，也没有你做不成的。**

毕竟别人传授给我们的知识，远不如通过自己的勤奋和坚韧所得来的知识记忆深刻，就像一位名人所说：“每个人所受教育的精华部分就是他自己教给自己的东西。”这就说明了自身学习能力的提高比一切都重要，而在学习能力的培养中，自身的积极努力是不可或缺的条件。

有位名人说过这样一句话，“吾日必三省自身”，说这是他之所以成功的秘诀。人们在各种活动中必须要经常自省，审视自己。因为据社会心理学家研究表明，人们在对事物进行归因时，通常是把积极的结果归因于自己，把消极的结果归因于情境。如果这样，你很难做到主动、积极、公正地审视自己。

因此，我们要提高自身学习能力，就必须要勇敢、主动、客观地反省自身情绪、思维及能力，准确评估组织及客观世界，勇于打破旧的格局，创建新的发展要素。正如狄更斯所言，“不论我们多么盲目和怀有多深的偏见，只要我们有勇气选择，我们就有彻底改变自己的力量。”学习能力的提高也是一样。

越努力越幸运

个人的知识水平是有限的，要想提高自己，就必须能广泛吸收外部的信息知识、资源和变化，并乐于尝试新思想和新经历。同时这也是个人良好修养的一种表现。只有不故步自封、固执己见，才能认真倾听他人的想法并公正地评价他人的主张，从而达到取长补短、改进自己的目的。

>>> 要成功就要善于向成功者学习

很多年轻人朝思暮想的事就是，如何在30岁之前就能成功。虽然想法很丰满、现实很骨感，但是，走向成功的道路，的确是有捷径的。

世界行销大师赖兹说：“很少有人能单凭一己之力，迅速名利双收；大多数成功的骑师，通常都是因为他们骑的是最好的马。”

成为富人的方法和经验很多，有些是能写到书上的，还有更多是无法写到书上去的，要学习那些无法写到书上的真经，就必须想办法跟富人在一起，这样才能真正学到他们的思维方式和经验。

成就富人最重要的秘诀是“环境”，我国古代有“孟母三迁”之说，孟子的母亲为了让孟子有良好的学习环境，搬家三次；如果比尔·盖茨出生在非洲，连电脑都没见过，就算他有230的智商，也不可能成为电脑王国的领袖，不可能成为世界首富。

百万富翁和百万富翁在一起，千万富翁和千万富翁在一起，亿万富翁和亿万富翁在一起；成功吸引成功，失败吸引失败。

富人和富人在一起，穷人和穷人在一起；成功者与成功者在一起，失败者跟失败者在一起。这是为什么？因为他们都用相同的方式思维。盲人乞丐们在一起讨论的是如何用手就摸出别人给的是一元纸币还是二元纸币；炒股失败的人们经常在一起讨论的则是市场多么不好，庄家多么坏，庄家在信息、分析工具上多么有优势，但是他们从来没有认真学习富人致富的经验方法，仿效他们获取财富的秘诀。

深圳的股市高手崔宏谈到他的“富裕规则”时说：宁可跟聪明人打架，也不跟糊涂人交友。

穷人有两种：一种是指“没有钱的人”，可是这种人有思想，有能力，可能是“虎落平阳”，暂时“英雄无用武之地”。这种人是“人穷志不短”，跟这种人交往，你应该独具慧眼，在英雄落难的时候帮他一把，他可能会成为你的知己，将来还可能成为你的救星。

另一种穷人是“不仅没有钱，也没有思想和能力”。这种人是绝对的“人穷志短，马瘦毛长”。如果经常跟这样的人交往，你的一切付出都不会得到回报。如果你想成功，就必须远离这种人，不能在他们身上浪费一分钱、一分钟。

在这个世界上，有些人喜欢身边围绕着没钱的人，享受他们的阿谀奉承。但是穷人只是向钱低头而已，而不是向你低头。不论你曾经给他们多少好处，当你没钱时，这些人就会忘记你曾经施与他的恩惠，两脚开溜。

人际关系本来就是施与受的关系，如果只有施，当然只有损失而不会有所收获。和人穷志短的人交往，不但对自己的成功毫无帮助，还会阻碍你前进的步伐，最终使你一事无成。因此，如果你的身边没有富人，如果你的朋友中没有富人，那么你就应该改换环境，换朋友了。

身边有富人，你就要学习效仿他们，复制他们成功的模式，根据自身的特点，选择适合的方式行动，才能快速成为富人，至少能够缩短你成功的时间。

拿破仑·希尔在成功之前，曾利用20年的时间帮助钢铁大王卡内基工作，这期间他一分钱的报酬也不要，但在帮助卡内基的同时，他也不断地提升自己——他本人在成功学研究上获得了巨大的成功。陈安之在成功之前，也长期在美国帮助世界成功学大师安东尼工作，在帮助安东尼的同时，他也掌握了成功学的真谛，最终获得了巨大的成功。

越努力越幸运

要成功就一定要接近成功者。就像台湾成功大师陈安之所说，一个人要成功，有几个方法：第一个，他必须帮助成功者工作；第二个，当开始成功的时候，要跟更成功的人合作；第三个，越来越成功的时候，要找成功者为自己工作。

>>> 学习并应用于实践，最能获得真知

“知识就是力量”的口号鼓舞着千千万万的年轻人在知识的海洋中不断拼搏。知识已从某种意义上成为了财富、地位和能力的象征。中国的古人曾说过：“书中自有颜如玉，书中自有黄金屋。”由此可见，读书与获取知识在人们心目中是何等重要。但是随着时代的发展，人们打破了往日对知识的理解。

人们已认识到：知识与能力并不完全是相等的，知识并不等于能力。21世纪对能力界限的新要求，迫使人们重新审视自己所学的知识。但不管时代怎样发展，你都应保持清醒的头脑，了解知识与能力的关系。

培根在提出“知识就是力量”的口号以后，又明确地指出：**“各种学问并不把它们本身的用途教给我们，如何应用这些学问乃是学问以外的、学问以上的一种智慧。”**这也就是说，有了知识，并不等于有了与之相应的能力，运用与知识之间还有一个转化过程，即学以致用的过程。

全球重要的电子工业制造基地深圳、台湾等地，高级技工的身价一天天看涨，部分空有学历的硕士、博士的薪水已有被赶超的危机。按过去的老观念，像深圳这类靠电子制造业等所谓高科技起家的新兴城市，一本金灿灿的学历证书是起码的敲门砖。但现在，如果这个学历没有实践操作能力和社会经验附着在上面，那还真不如一个八级技工手头的钳子和焊枪。

中国的教育体制尤其是高等教育体制中存在着痼疾，事实上，很多拥有学历的本科生、硕士甚至博士，在实践操作方面都有重大欠缺。比如说部分学过机械学的大学生，公式、定律背了一大堆，但几乎就没有碰到过焊枪，一旦出了纯技术问题，理论有，问题还是解决不了，得靠有经验的老技工来解决。当然，最终的问题是：要做一个好技工很难，比“捞”一个学历证书还难。而且，“手头的活儿好”与学历证书也并非不可兼容。

你是否见过，一个知识、人格都远不如他人的人，却能在对方毫无

防备的情况下，把比他优秀的人耍得团团转？这类人通常是学识、人格较差的人，是手段圆滑的老江湖，他们抓住那些有知识、人格高尚却不懂人情世故者的弱点，然后随心所欲地摆布对方。还有不少学历水平较高的人被学历不如他的人领导着，他们的收入也当然没有后者高。这是什么原因呢？

不谙世故的学者，就像牛顿一样，是透过三棱镜看光线，用颜色把人类分类，这个人是这种颜色，那个人是那种颜色。而经验丰富的染匠却不同，他们知道颜色有明度、有彩度，也知道虽然看起来是一种颜色，其实它是由多种颜色混合而成的。事实上，在这个世上，根本就没有只是用一种颜色构成的人，或多或少都混合了其他颜色。不仅如此，正如丝会随着光线照射的角度，而变幻出各种颜色一般，人也能根据当时当地的情况，而变换不同颜色。

步入社会的年轻人应该把到目前所学到的知识，以及本身的见闻归纳起来，再加上自己的判断，建立起自己的人格、行为模式、礼仪礼节。接下来的工作，只剩下了解人情世故，且多加磨炼了。你不妨多看看有关社会学方面的书，把书上所写的和现实生活加以比较。如果不实际踏入社会亲身体验，仔细观察，则无法活用那些辛苦学来的知识，甚至还会误入歧途。

生活是一部大书。有志向的年轻人要善于读生活这本“无字书”，体悟成败之理。古人曰：“读万卷书，行万里路。”这是说人要有广博的知识和丰富的阅历，只有理论联系实际，才能利用所掌握的知识处理各种事情。丰富的阅历是成大事者不可缺少的资本。特别是年轻人，他们的阅历一般较少，这就要求他们不但要注意书本知识，也要注重生活、社会中的知识积累。读书学习获取知识诚然重要，但实践获真知也是必不可少的。

如果你有很多的知识但却不知如何应用，那么你拥有的知识就只是死的知识。鲁迅说：“倘只看书，便变成书橱，即使自己觉得有趣，而那趣味其实是已在逐渐硬化，逐渐死去了。”死的知识不但对人无益，不能解决实际问题，还可能出现害处，就像古时候纸上谈兵的赵括无法避免失败一样。因此，你在学习知识时，不但要让自己成为知识的仓库，还要让自己成为知识的熔炉，把所学知识在熔炉中消化、吸收。

你应学以致用，提高自己运用知识和活化知识的能力，使你的学习过程转变为提高能力、增长见识、创造价值的过程。你还应加强知识的学习和能力的培养，并把两者的关系调整到黄金位置，使知识与能力能够相得益彰，相互促进。

通过阅读“有字之书”，你可以学习前人积累的知识、经验，并从中借鉴，避免走岔道、走弯路；通过读“无字之书”，你可以了解现实，认识世界，并从“创造历史”的人那里学到书本中没有的知识。

要想读好“无字之书”，必须步步留心，时时在意。在《红楼梦》的第二回描写了黛玉初到贾府的情形，“唯恐被人耻笑了他去”，于是便“步步留心，时时在意”，也因此观察到了贾府很多“与别家不同”的地方。

越努力越幸运

读“有字之书”必须上正规大学，而读“无字之书”则要进“社会大学”。如果说正规大学是一片湖泊，那么“社会大学”就是汪洋大海，永远没有毕业之时。善读书，而不唯书，把“有字之书”与“无字之书”结合，这是获取更多精神财富，成就大事的一条准则。

Part8

沉下心来，培养几种生存的能力

当今这个社会对于 20 多岁的年轻人来说是一种挑战，同时又是一种机遇。任何人都可以上，但是任何人都可能在某一个地方跌倒。年轻人需要的不再是单一的知识，更多的是一种能力，是一种适应社会的方法和一种途径，如思维能力、适应能力、创造能力、想象能力，等等。具备了这些能力，才能在社会上立于不败之地。

>>> 思维能力，打破定式开创新格局

通常来说，30岁前年轻人的思维是很活跃的。然而人一旦形成了习惯的思维定式，就会习惯地顺着定式的思维思考问题，进入思维的死胡同，思想僵化，难于突破旧格局，这是很多人都有的一种愚顽的“难治之症”。

比如说看魔术表演，不是魔术师有什么特别高明之处，而是我们大伙儿思维过于因袭习惯之势，想不开，想不通，所以上当了。比如人从扎紧的袋里奇迹般地出来了，我们总习惯于想他怎么能从布袋扎紧的上端出来，而不会去想想布袋下面可以做文章，下面可以装拉链。

在生活的旅途中，我们总是经年累月地按照一种既定的模式运行，从未尝试走别的路，这就容易衍生出消极厌世、疲沓乏味之感。所以，不换思路，生活也就乏味。

有些年轻人刚踏上社会不久，还走不出思维定式的樊笼，所以他们走不出可悲的结局；而一旦走出了思维定式，也许可以看到许多别样的人生风景，甚至可以创造新的奇迹。因此，从舞剑可以悟到书法之道，从飞鸟可以造出飞机，从蝙蝠可以联想到电波，从苹果落地可悟出万有引力……常爬山的应该去涉水，常跳高的应该去打打球，常划船的应该去驾驾车，常当官的应该去为民。**换个思路，也许我们面前是一番新的天地。**

巴黎的一条大街上，同时住着三个不错的裁缝。可是，因为离得太近，所以生意上的竞争非常激烈。为了能够压倒别人，吸引更多的顾客。裁缝们纷纷在门口的招牌上做文章。

一天，一个裁缝在门前的招牌上写道：“巴黎城里最好的裁缝。”结果吸引了许多顾客光临。看到这种情况以后，另一个裁缝也不甘示弱。第二天，他在门口就挂出了“全法国最好的裁缝”的招牌。结果同样招揽了不少顾客。

第三个裁缝非常苦恼，前两个裁缝挂出的招牌吸引走了大部分的顾客。如果不能想出一个更好的办法，很可能就要成为“生意最差的裁缝了”。但是，什么词可以超过“全巴黎和全法国”呢？如果挂出“全世界最好的裁缝”的招牌，无疑会让别人感觉到虚假，也会遭到同行的讥讽。到底应该怎么办？正当他愁眉不展的时候，儿子放学回来了。当他知道父亲发愁的原因以后，告诉父亲也许可以在他们的招牌上写上这样几个字。

第三天，另两个裁缝站在街道上等着看他们的另一个同行的笑话。但事情似乎超出了他们的意料。因为，很快，第三个裁缝的门前挂出了一个更加吸引人的招牌，上面写道“本街道最好的裁缝”。

在上面的故事中，面对其他人提出的全城和全国的“大”，裁缝的儿子却利用街道的“小”来做文章，并最终取得了竞争的胜利。因为在全城市或者全国，他们不一定是最好的，但在街道的这个特定区域里，只有他们是最好的，也是唯一的。

越努力越幸运

在学习及将来的工作中，会出现许多我们无法通过正常的思维方式和方法来解决的问题，即使能够解决，也会因为耽误大量的时间而降低效率。因此如何快速有效地解决问题就成为提高工作效率的关键，而逆向思维会成为你的最佳选择之一。

>>> 适应能力，新的环境总能产生新的动力

“适者生存，劣者淘汰”，这是生物的本性。人类作为生物中的一分子，在事业和商业的世界里也一样充满了竞争、成长、繁殖的过程，于是，适应力就被提到了日程上。

在我们中国有一种很古老的风水学术说，比如，家具物品的摆放代表家中或工作地点的能源流向。同样，你周围的环境对你的工作和生活有着某种影响，这点你还不能不承认！虽然环境只是一种表面的现象，但是却可以改变内在的东西。最明显的是你的心情，然后是你的生活习惯。风水术更指出，日常生活的自在舒适与环境影响我们的方式大有关系。你现在的生活空间是怎样表达你这个人的？你有没有从“外在”的你看到“内在”的你？

也许20多岁的年轻人不信风水术，那么，你也应该很容易明白环境的好坏影响一个人的心情。在家中种植植物，养宠物，不就是想让空间里有那么一点绿意，有一点颜色，有一点香味，有几声咪咪的叫声吗？

你想去旅行，于是，你找了地图，挂在房间里，每当看到它，就觉得好像自己已经到了那里，正享受着美丽的风景，正被微风徐徐地吹着。

你是否事事讲究整齐？那就弄乱一点吧！

你是不是不爱整齐？那就整理东西吧！

总之，改变一下你身边的环境吧！多动动手，换换地板、墙壁和天花板的颜色，再加点百花香料，改善气味。这些都是改变环境的方法，如此便可以让创造的力量贯穿全室。星期天下午去看看出租或出售的房子，瞄瞄杂志报纸，或是到饭店走走，寻找更好、更有产能、温暖的、友善的空间。

妮子和可可是好朋友，在可可的眼中，妮子是一个非常爱干净、整齐的女孩子，而自己相对来说就显得非常邋遢。

在妮子结婚之前，可可和妮子经常互相串门。可可一到妮子家总是把妮子的家弄得乱七八糟，而妮子从来都不生气，只是淡淡地笑着："这样才好呢，这才像个家呢！我一个人没事的时候就收拾屋子，是因为太寂寞了。呵呵，你来就好了，我家就热闹了。"

可可从来都不和妮子客气。

而妮子一到可可家恰恰相反，可可的家就会立刻整齐起来。可可也觉得很新鲜，她觉得这样的环境让自己很舒服。可是不长时间后她又会弄得乱七八糟。

一直到妮子生孩子那天，可可才来到妮子的新家。和可可想象的相反，妮子的家这次可没有原来想象中的那么整齐！妮子笑着说："你不觉得乱也是一种风格吗？我觉得挺可爱的！"

可可一想，是啊，平时自己将家弄乱了，但是整洁也有整洁的好处，看来环境经常变化着的家庭，才充满了乐趣啊！

很多时候，**你每天面对同一个环境，总感觉不到新奇的东西**。也许你会发现艺术家的家总是那么有感觉，让你觉得舒服，而充满了创意。你也想拥有这样的环境，可是你要怎样去做呢？

房子的内部摆设，周围的环境，声音，是否有嘈杂与安静之间的对比？环境绝对会影响到生活如何进展还是在原地打转。有人说，环境实际上是反映某地生物的精力能源，而透过环境的研究，你可以多了解自己。

对多数地球上的生物来说，家是最根本的世界，总会有人把自己珍视的东西放在家里，这样人才愿意回家，寻求情感上与精神上的平衡，以及生理与心理上的营养。

当你把家布置得很整洁的时候，你会感觉到一段时间的满足，下次你还会如此去布置。可是，当你一次又一次的布置成不同模样的时候，你是否又有另一种不同的感受呢？当你将家布置整齐的时候，你要对自己说，整齐不是你的风格！当你把家布置得凌乱的时候，你也要对自己说，凌乱不是自己的风格。你可以将家布置成花园，也可以布置成书馆，还可以布置成咖啡屋。不管哪种样子，总是在一个时间段给你不同的感觉，而并非是你的风格。

你只是告诉自己：新的环境总能给你新的动力、新的精神，是可以助你一臂之力的！

越努力越幸运

日常生活中，我们可能也需要这种闲散，但是同时也会有整洁的需要，还有变换风格的需要。所以，经常为自己打造一个新的环境，对于心情的调节是有很好的作用的，可以使我们精力充沛！

>>> 创造能力，让“玩兴”引发创造力

创造力是人类所具有的最丰富的潜能，而30岁前的年轻人正是创造力最旺盛的时候。面对丰富多彩的生活，选择活泼还是呆板，是影响人生的重要观念！

很多时候，在我们国家，创造力往往在最初就被扼杀了。你还记得你小的时候父母对你的训斥吗？还记得你平时是怎么教育孩子的吗？也许，很多时候，你为孩子买了玩具，会告诉孩子应该是这样玩的、那样玩的。而从来都不放手给孩子让他自己去玩。也许，你自己买了一件玩具，你也会先阅读说明书，然后再开始游戏……

其实，这样的局面也是整个的大环境造成的。有时候，甚至很多企业都缺少最起码的信誉，他们往往会在获得你的辛苦劳动的益处后，找个借口拒绝给你报酬。其实，是因为他们缺乏真正的品牌意识，无法认识到一个品牌的构成需要一个打造过程，他们花出去一分钱恨不得马上就要赚回100块。

这样一味地只追求“短、平、快”，以图实现最大的实效性的利润。如此一来，创作力就被忽视了。也就更别提他们会意识到创造是一个漫长的过程，很多的创造是在玩中积累的。

根据现代化的科学研究显示，人的大脑是分左右两个半球的，而每个半球都有其独特的功能。比如：左脑擅长于语言信息加工和抽象逻辑思维，具有有序性、延续性、分析性的特征；右脑擅长于表象信息加工和发散思维，具有无序性、跳跃性、直觉性特征。而创造力是由右脑产生的，开发右脑最好的方式就是进行有意思的游戏，激发右脑的好奇心。

玩，不仅仅是一种娱乐，不单单是孩子的专利，为了你的创造力，开始培养你的“玩兴”吧！

早在张帅还是一名中学生的时候，他就非常热爱拍照片、做录像等活

动。在上小学的时候，他拍的一组反映环境污染的片子被中央电视台选用了，于是，他更加喜欢这个活动了，同时这对于他来说更是一种游戏！因为喜欢，不管拍片的环境有多艰苦，他都能坚持。

拍照可以运用创造力，让人有所收获，更容易让人建立人与人、人与环境、人与动物之间的关系。

张帅经常用自己拍的片子进行娱乐，电影与相片既是他的专业工具，也是他喜欢的嗜好，他的房间装满了录音带、录像带，以及成箱的幻灯片、电影胶卷——有些经过设计，有些是随兴所至拍下的。把生活里的大小事记录下来，不仅可以保存它们，更能让自己的心情愉快而充实，很多时候自己的一些创新，就是在娱乐自己拍的片子中寻得的。

有的时候，他独自出去旅游，也会将自己的旅游片段作为娱乐的工具。而还有时候，朋友结婚搞些喜庆的场面也会邀请他来参加。日久天长，“特别时刻”需要用照相机，但真正的意义却蕴藏在日常生活之中。他觉得自己的玩心很重，但是创造力也随之被开发得淋漓尽致。

从张帅的例子中，我们很明显地看到了其创造力是在玩中引发的，他天生的玩兴让他每次工作如同游戏一般快乐而充实，而每次的休闲又好像是在工作，这样水乳交融的状态，你一定也很向往。

那么，怎样做好这些呢？

1. 跟张帅学做笔记

张帅如果需要拍摄一个剧本，他需要知道的事情包括：念白、背景音乐、地点、愿意参与的人，还要想到哪里租有附带简单剪辑功能的摄影机。那好，将这些记在本子上吧！然后开始行动，将整个行动融在玩兴里，翻看笔记，才不会忘记你的目标。

2. 好好拍摄与剪辑

把操作新式的摄影机当成学习新游戏，学会操作新的摄影机，知道光线怎样才算充足，这样才能确定你的努力不会因技术不好而前功尽弃。练习从不同的角度、光线和距离操作摄影机，这样才能得心应手，综览全景。拍摄的时候，心里就要盘算怎么剪辑。

3. 放给别人看

最后，把带子剪好拷贝好，送给朋友看，或是在家里布置银幕，找人来边评论边吃爆米花；想象着某一天或许你的片子就能获得某某大奖。不管你做什么，都不能退缩，要记住：在玩兴中创新永远都是一种比较高的境界！

开心地去玩，玩不仅可以引发创造力，同时还能减少害羞或拘谨的状态。如果你想在玩中表达对在场所有人的热爱，你可以唱歌给他们听，这个时候歌词与音乐无疑就是最好的致敬方式。但是，同时也不一定非要局限于音乐，你还可以用名闻遐迩的曲子配上新词，就像近年来，许多的卡片内页都是空白的，让你去表达自己的心情，想说的心里话。同时，还能在卡片上灌录充满爱意与幽默诙谐的声音，或者你自己做一些特殊风格的卡片等。这些都是你在玩的时候想才有可能想出来的主意。

越努力越幸运

也许你会说你没有经验，可是玩还要经验吗？你觉得哪里开始玩好就从哪里开始，一切以创新为主，先把所有借口丢掉，柏拉图曾说："没有反省过的生活不值得过。"如果这句话是真的，那么没有活过的生活也不值得反省。所以，你就地取材好了，别想什么经验！

>>> 想象能力，迈出创造行动的第一步

可能在小的时候，你也充满了想象与好奇心，喜欢在不断的刺激中寻找乐趣。但是长大以后，你可能已经融入了社会的大环境，或许你已经丢失了自己的想象力。

只要在将来还有你未知的事物，将来还有你追求的梦想，那么你就想象将来能够梦想成真，把握住机会或机遇，能够使生活和事业都一帆风顺，这就是你想象的力量。常言道“种瓜得瓜，种豆得豆”，今天的行动就是播种，将来就会生根、发芽、成长并开花结果，可能你还不知道事情的原因。因此，在你生活或奋斗的路上，总是会有一些一帆风顺的时候，在这个时候你完全可以乘胜追击，或许你会认为已经取得了阶段性的胜利，可以好好地休息一番！但是这样的休息时间不能太久，因为这犹如登山，登山的路上你会感觉到累，很想休息，但是当你全心放松准备好好地休息一番的时候，你会发现你将再也没有力气去登山，因为你已经完全地懈怠了，你完全没有想象到在你的面前还有许多的山路要走，还有许多人生的门槛需要你迈过去。

放开你的想象，你会注意到一些可能会被你忽视的机会，或许这些机会对你就是一次完全的改变。至少当机遇来临的时候，你有充分的准备来接受机遇带来的挑战。你可以在头脑中构思一个美好的未来，让你的潜意识苏醒，这样在每件事情遇到需要决断的时候，你的潜意识就会告诉你如何决断，从某种程度上来说，想象力也使你的生活变得更加充实、丰满。

如何发挥你的想象力？你可以设想一个具体的形象，然后用心灵来构思它，用心把它勾画出来。这些技巧被一些专家学者称之为形象化（visualization），其实就是一个内心形象再造的过程。

有人认为，人们在想象前，是“看”不到任何东西的，因为无法用语言来形容你的想象力。其实，并不是看不到东西，只是在你想象的时

候，整个头脑中都是你要想象的东西，导致眼睛看其他的东西是“视而不见”，犹如你闭上眼睛遐想一样。如果你能调动你全身的器官一起参与你的想象，那么你得到可能比你现在的更多。比如当你想象大海的时候，你除了能够勾画出海洋的轮廓外，你可能会想象自己已经看见了海洋，正在海洋边玩耍，当你用心灵去聆听海洋的时候，可能你还会感受到海洋，甚至闻到海洋的气息。

同样，当你面对生活时，当你在构思未来情景时，你可以运用你所有的内在感觉，听觉、触觉、嗅觉，甚至味觉，只要能够调动起来，你完全可以调动它们来为你的伟大构思服务。**当你用全部的心灵来想象时，你会发现你的目标更加清晰，你看问题、看事物会更加全面**。这些对于你来说，无疑是你人生成长道路上的又一次飞跃。

如果你不是这样人的对手，你必须与别人打架，你会选择一个正常的普通人呢，还是选择一位空手道的冠军呢？相信你会不假思索地脱口而出，当然是选择普通人了。因为你很清楚地知道，空手道是专家级人物。

但是世界上奇怪的事情就是多，在美国曾经有过这样一个真实的事例。

两辆车在高速公路上发生一点小摩擦，因为微小的擦撞，两位驾驶员一言不合，就在道路边打起来了。这两位驾驶员，一个是普通正常人，另一位则是知名的空手道冠军。交手不到数分钟，结果出来了。

大家都很清楚，空手道是专家，他们的门路与招数都必须有名堂才能成为冠军，对战的经验更是丰富。但是，第二天的头版新闻报道的结果却是：空手道冠军输了。

或许你会很奇怪，这怎么可能呢？肯定是报道出错了。后来报社的记者在标题上做了一个注记，说明空手道冠军输的原因。原来原因很简单，空手道有一个规则，就是不打头部，腰部以下也不打。但是，这位空手道冠军没有想到，他对面的不是一个空手道冠军的挑战者，甚至连空手道都不会，他只是一个普通人。

可想而知，当两人真的开始他们之间的搞笑战斗时，由于没有任何的制度和规定的约束，当空手道冠军还没有做好准备姿势的时候，这个普通人已经直直的一拳就击在空手道冠军的鼻梁上，让冠军从此倒地不起！

或许你还在感叹故事的真实性，又或许你还在考虑其中的原因。但是不用你再考虑，爱因斯坦的一句话就能概括整个原由，他认为：**“想象力比知识更重要，因为知识是有限的，而想象力概括着一切，推动着进步，并且是知识进化的源泉。”**创造离不开想象，创新必须以想象为基础。

你可以想想自己，拿自己作为例子。当你第一天踏上新的工作岗位时，你可能并没有很多的专业知识，大学里学习的东西也只是实践中的皮毛而已。但是，你有旺盛的想象力，你可以很快地适应目前的工作和学习。然而随着时间的推移，你学到的知识越来越多，但你的想象力却如青春流逝般很难再恢复。这时你才发现，你的大脑早已被许多固有的知识所占据，你已经渐渐地失去了想象，失去了原有的创造力和创新力，现在剩下的就是单纯的固定思维，单一的思考模式。就像那位失败的冠军，并不是他没有技能，只是他没有将他的思维从工作中转移到现实中来。

越努力越幸运

想象可以帮助你实现想要的目标。其实，这个并不难理解，因为当你想象要做一件事情的时候，你会慢慢地碰触自己的潜能，或者说是自己的潜意识，在潜意识中，会有很多创造性的方法出现，可以解决许多问题。犹如昨天碰到一个问题，苦思冥想也没有得到答案，但是一觉醒来，你却豁然开朗，问题也迎刃而解。那么如何去调动你的想象力，运用你的想象力呢？

>>> 领导能力，团结所有人实现共同目标

当听到“领导”这个词语的时候，30岁前的年轻人是不是觉得很遥远？你的头脑中会浮现出什么？

你很可能会瞬间联想到一种威严无比、富有魅力、个性鲜明的形象——领导是个态度强硬、决策果断、有影响力的目标；领导是个不需要帮助、艰苦奋斗的孤独者；领导是个有着坚定的下巴、领导着组织成员前进的将军；领导能对他人产生很强的影响，促使人们去做领导认为应该去做的事。

这样的形象，只是领导的一个部分，甚至极小的一部分。那么，究竟领导是什么呢？

领导是“率领引导”的简略说法。如果逐字进行组词的话，那就是率——率队，领——领航员，引——引路人，导——导购员。领导在社会生活中无处不在，可以说到处都有领导的身影，小到各个家庭、团体，大到国家、民族，都需要一些能够肩负重任的人，**“领”向“导”航，团结所有人为一个共同的目标而奋斗，这就叫领导**。

领导有两个层面的含义，一个是动态的，一个是静态的。动态含义指的是领导行为，一种为完成目标而管理团队的能力和过程；静态含义是指领导者，团队的组织者或者说是引领者。这两个层面的含义彼此区别又彼此交融，可以从以下几个方面来理解：

（1）领导与领导者是两个不同的概念，领导者是组织中的一个角色。一个团队可以指定一个领导者或选出一个领导者，但却不能指定或选出某种领导行为。领导者是一个影响其他人完成不寻常的事情的人，领导则是领导者的一种行为，因此，领导是一个动态化的概念产物。

同时，领导者是组织中少数有影响力的人员，他们可以是组织中拥有合法职位的、对各类管理活动具有决定权的主管人员，也可能是一些没有

确定职位的权威人士。

一般来说，领导必须具备以下三个基本要素：领导者必须有下属或者追随者；领导者必须拥有影响追随者的能力；领导者的领导行为具有明确的目的，并可以通过影响下属来实现组织目标。

（2）领导指的是一种影响力，或是指对人们施加影响的过程，从而使人们自觉地为实现群体目标而努力。

当领导作为一种影响力的时候，指的就是领导行为，即就是设定目标，率领和引导组织或个人在一定的时境以及其他条件下，按照一定的计划或方法实现该目标的行为过程。

（3）领导不等于职权，但现代领导的概念并不否认领导和职权是相互联系的，一定的职权是实现团队目标所必需的。

领导并不总是一个高高在上的指挥棒，而是身先士卒，起带头作用的模范，或是在战场上冲锋陷阵的前锋。

（4）领导是一个行为过程，在这个过程中，有许多相关因素。被领导者、环境等都是影响领导者有效的因素，它们之间存在着密切的相互关系。

领导是一个团队的核心，并不是独立于外的，而是时时身在团体其中。没有群众就没有领导，领导也是群众，只不过是群众中优秀的一员。

从领导者层面来说，领导可以根据不同的标准分为不同类别。

根据领域不同，可分为政治领导、业务领寻和行政领导，根据层次不同，可分为高层领导、中层领导和基层领导，根据领导的方式不同，可分为独裁式领导、协商式领导和参与式领导，根据产生的方式，可分为正式领导和非正式领导。

歌德说："我们的生活就像旅行，思想就是导游者。没有导游者，一切都会停滞，目标会丧失，力量就会化为乌有。"这里更强调的是领导行为，领导行为是一门艺术，这门艺术有四个基本特性：

（1）随机性：领导艺术是领导者思考和处理事件的变通能力，其没有固定的模式可套，没有规范的程序可循，没有统一的尺度可依。它必须依据不同的时间、地点和条件，机智灵活地处理事件。

（2）经验性：领导艺术应来源于一个人的阅历和经验，不是单纯从书本中就能得到的。经验是带有个人感情色彩的烙印，渗透着或明或暗的个人痕迹和风格。

（3）多变性：领导艺术是生动活泼、丰富多彩、千变万化、无穷无尽的，对于同一事件的处理，由于领导人的经历、学识、思维方式、出发点等方面存在差异，处理的方式和技巧就不尽相同。

（4）创造性：领导艺术最能显示领导者生机勃勃的创造力，它不因循守旧、拘泥古法，而是善于随机应变，因人因事因地制宜、因势利导，在千差万别的事物面前，在复杂多变的情况下，在艰难曲折的环境中，充分发挥广阔的想象力、周密的思考力、灵活的应变力和大胆的策划力，创造性地提出解决的办法。

越努力越幸运

领导是一种能力，是一门科学，是一种方法，更是一门艺术，需要不断地顺应时代的发展而变化，需要在实践工作中不断创新完善。

Part9

结交重要的朋友，拓宽生活的路子

在人生漫长的道路上，我们每个人都需要来自亲人的关怀、爱人的呵护以及朋友之间的友情。亲情、爱情、友情缺一不可，无论缺少哪一种，我们的人生都是有缺憾的。但在我们内心深处则总有一些不能向亲人诉说，也不能向爱人倾诉的事情，而恰恰朋友能给我们许多心灵上的慰藉。人生知己最难求，朋友也在于经营，需要用心去维护。

>>> 交的朋友多了，路子就宽了

许多时候，我们面临的生活问题、工作问题，单单依靠个人的力量很难解决。但是朋友多了就不一样了，朋友会出主意，出人力、物力为我们解决难题。因此，世界首富比尔·盖茨说："一个人永远不要靠自己一个人花100%的力量，而要靠100个人花每个人1%的力量。"

朋友越多，路子越宽，事情就越好办。

几千年来，这个道理已经被无数的经验和教训所验证。人们现在说的"有关系，就没关系；没有关系，就有关系了"说的也就是这个道理。

王师傅从某公司下岗半年多了，如今他又上班了。令他想不到的是，这次居然是工作主动找到他的，当然这还得益于几年前王师傅结识的一位朋友。

两年前王师傅为了给孩子筹集上大学的学费，决定将自己的房子出租。在出租房子时，王师傅认识了一家房屋中介公司的刘女士。在会谈中，双方商谈得十分愉快。不久，王师傅的家搬到了桥西区，与刘女士的公司离得远了，双方联系得也少了。

没有多长时间，王师傅工作的厂子破产了，后来被个人承包之后，王师傅被下岗分流了，赋闲在家。一次王师傅去桥东办事，遇到了刘女士，双方聊了起来。在得知王师傅下岗在家待业后，刘女士说自己的公司正在扩大，需要一个办理产权手续的员工，不知道王师傅是否愿意屈就。王师傅想，他们只是为了出租房子打过几次交道，双方又有好长时间未曾谋面，所以以为这是一句客气话，并未往心里去，只是口头应承着说回家考虑一下。

哪里知道，王师傅刚办好事回到家，刘女士就打电话问他是否第二天就能上班。刘女士说，办房产手续对于公司而言是一个重要岗位，交给陌生人不放心，王师傅是个热心肠，又是熟人，如果方便的话，可以马上上班。

第二天，王师傅就赶到刘女士的公司去上班了。如今刘女士的公司又扩大了，王师傅成为桥西分部的经理。

王师傅深有感触地说："朋友多了路好走，这话一点儿也不假呀。"

许多人在办事不顺或者四处碰壁的时候，经常会有这样的感触："如果我有足够多的关系，一定可以更加顺利地完成这个工作！"因为，只要我们和那些关键人物有所联系，当有事情想要去拜托他或是与其商量讨论时，我们总是能够得到很好的回应。

这种与关键人物取得联系的有利条件，就是好人脉所拥有的巨大力量。事实上，**我们编织的关系网越宽广，我们做起事来就越方便**。

如果你经常读成功人物传记，会发现：许多人能够成功完全是因为紧紧跟在一位成功人士的后面。因此，你的未来和你的上司或者老板关系密切。

美国微软公司董事长比尔·盖茨之所以成功，也是因为他在创业初期遇上了名叫斯蒂文·扎布斯的一位成功人士的帮助。不管你从事的事业大小与否，如果没有成功人士相助，你就很难获得成功。

汉斯从哈佛大学毕业之后，进入一家企业做财务工作，尽管赚钱很多，但汉斯很少有成就感，沮丧的情绪经常笼罩着他。汉斯其实不喜欢枯燥、单调、乏味的财务工作，他真正的兴趣在于投资，做投资基金的经理人。

汉斯为了排遣自己的沮丧情绪，就出去旅行。在飞机上，汉斯与邻座的一位先生攀谈起来，由于邻座的先生手中正拿着一本有关投资基金方面的书籍，双方很自然地就转入了有关投资的话题。汉斯觉得特别开心，总算可以痛快地谈论自己感兴趣的投资，因此就把自己的观念，以及现在的职业与理想都告诉了这位先生。

这位先生静静地听着汉斯滔滔不绝的谈话，时间过得飞快，飞机很快到达了目的地。临分手的时候，这位先生给了汉斯一张名片，并告诉汉斯，他欢迎汉斯随时给他打电话。

这位先生从外表来看就是一名普通的中年人，因此汉斯也没有在意，就继续自己的旅程。

回到家里，汉斯整理物品的时候，发现了那张名片，仔细一看，汉斯大吃一惊，飞机上邻座的先生居然是著名的投资基金管理人！自己居然与著名的投资基金管理人谈了两个小时的话，并留下了良好的印象。汉斯毫不犹豫，马上提上行李，飞往纽约。一年之后，汉斯成为一名投资基金的新秀。

对每个人来说，必须具备良好的人际关系。尤其碰上了成功人士，你就会觉得心情豁然开朗、耳目一新，成功的大门也随之向你敞开。

越努力越幸运

许多情况就是这样，当我们无法与关键人物建立密切的朋友关系时，事情往往很难取得进展。可一旦我们与他建立朋友关系，无论多么难办的事情都立刻变得容易多了。

>>> 对朋友的过错不要耿耿于怀

周华健的一首《朋友》不知道唱出了多少人的心声：“一句话一辈子，一生情一杯酒，朋友不曾孤单过，一声朋友你会懂。”大千世界，茫茫人海，与我们擦肩而过的人很多，和我们相识的人也是不计其数。有血缘关系的亲人就是屈指可数那么几个，除了亲人之外，还有另外一种人，这种人尽管没有血缘关系，但他像亲人一样关心我们、爱护我们、帮助我们、在乎我们，这种人就是朋友。

一个人一生中有一个真正的朋友是一件幸事，但是，找到一个真正的朋友也是一件很不容易的事。

朋友在于经营，需要我们用心去维护，友情不禁折腾，“人情反复，世路崎岖。行去不远，需知退一步之法；行得去远，务加让三分之功。”以宽厚之心对待朋友。此话是朋友相处的至理名言。

人非圣贤，孰能无过。每个人都有犯错误的时候，朋友也不例外。**当朋友损害了我们的利益时，应该以一颗宽容之心对待他，**这样，我们自己的心灵不但能得到解脱，同时我们的宽容也能拯救朋友堕落的灵魂。

如何对待朋友的过错？且看李显明是怎样做的。

李显明很伤心，由于好友在自己的公司电脑上做了手脚，使他损失了几十万元，心中一直愤愤不平，尽管李显明委托律师将张小为送进了牢房，但他还觉得不够。出狱后，张小为觉得对不起李显明，几次打电话向李显明道歉。李显明一听是张小为的声音，不容分说立刻将电话挂断。

李显明的妻子是个通情达理的人，她数次劝他应该宽宏大量，何况张小为是电脑专家，对他的生意很有帮助。李显明经过深思，觉得妻子说的有道理，可是每次拿起电话来他心中就想起那几十万元，又想起张小为曾像只老鼠似的偷盗过那些钱，使他的生意差点垮掉，于是又放下电话，长叹一口气。

尽管已经过了很长时间，李显明还是处于这种矛盾中，一会儿觉得应该原谅张小为，毕竟他是个电脑专家，曾经帮助过自己；一会儿又想，难道要原谅伤害过自己的人吗？不，不行。

直到有一天，一位心理医生告诉他：“你形成了一种心理障碍，这种障碍不仅会妨碍你与张小为的关系，也会妨碍你与他人的交往，你必须积极地清除它。”

李显明终于鼓起勇气，给张小为打了一个电话，告诉张小为明天可以到办公室见他。第二天，他们谈得很顺利，李显明决定再次聘请张小为到公司工作，他对张小为说：“我相信你不会再辜负我。”

张小为没有辜负李显明的期望，对公司尽心尽责，使公司的生意越来越红火，而他和李显明的友谊也越来越牢固，俩人成了知己。

若朋友未能满足我们的需求或有什么过错做了对不起我们的事情，切不可怀恨在心。因为怨恨不仅会加深朋友间的误会，影响友情，而且还会扰乱正常的思维，引起急躁情绪。凡事要换个角度想想，这样或许能够理解朋友的所作所为，《菜根谭》中有句话：“径路窄处，留一步与人行；滋味浓时，减三分让人尝。此是涉世的极乐法。”在道路狭窄之处，应该停下来让别人先行一步。只要心中常有这种想法，那么人生就会快乐安详。因此走不过的地方不妨退一步，让对方先过，就是宽阔的道路也要给别人三分便利。有礼也要让三分。

有两个朋友结伴在沙漠中旅行，在旅途中的一个地方，他们因为一件莫名的小事吵了起来，最后一个还给了另外一个一记耳光。被打的心里觉得很不是滋味，但是他却一句话也没说，只是默默地伸出了自己的一个手指，在沙子上写下：“今天我的好朋友打了我一巴掌。”

之后，他们继续往前走，经过长途跋涉，他们来到了一个湖的边上，好久都没有见过这么大、这么美的湖了，于是，他们就决定下去游泳。不幸的是，挨巴掌的那位游到那湖中心的时候，由于过度疲劳导致小腿抽筋，差点溺水而亡，幸好被朋友救起来。在说过谢谢救命之恩后，他拿起一把小刀，在石头上很小心地刻下：“今天我的好朋友救了我一命！”

朋友看到他又刻字了，十分好奇，就问：“为什么我打了你以后，你要把字写在沙子上，而现在却要把字刻在石头上呢？”

他笑了笑，回答说：“当被一个朋友伤害时，要写在容易忘却的地方，用不了多长时间就会被风雨抹掉；相反，如果得到帮助，我们要把它刻在心灵的深处，让世界上所有的人都知道友情的珍贵！”

有时候朋友的伤害往往是无心的，而帮助却是真心的。很多时候我们却对那些芝麻大的伤害斤斤计较，对那些莫大的帮助视而不见，心里留下的也只有无穷的幽怨与烦闷。其实，**只要我们忘记那些无心的伤害，铭记那些对我们真心的帮助，就会发现这世界上，我们有很多很多真心的朋友。**

原谅一个人有时候能使之再生，对其心灵会造成莫大的震撼。宽容需要有一颗博大的心，它可以使自己最大限度地减少麻烦，不为一点小事斤斤计较。因此我们更不要把朋友之间的怨恨常记心头，这在带给对方心灵上折磨的同时也给自己带来了痛苦，使自己活在怨恨的影子里无法自拔。

有一位哲人说过：一分钟可以认识一个人，一小时可以喜欢一个人，一天可以爱上一个人，但一辈子也忘不掉一个人。当我们看到这里，我们感受到什么？在这漫长而又短暂的一生中，想找一个知音是多么不容易啊！而在日常生活中，就算最要好的朋友也会摩擦，就算最亲近的故人也会有误解，我们也许会因为这些摩擦、误解而分开，但每当夜阑人静时，我们总会想起过去美好的回忆，才会觉得只有他最了解我们的心，而此时已是我在天涯，他也在海角了……

越努力越幸运

请珍惜我们身边的朋友，告诉他们，在我们心中他们有多重要，而我们有多在乎他们吧！这样，我们就会有越来越多的朋友！

>>> 朋友不是拐杖，过度依赖也会折

生活中每个人都会有很多朋友，当自己一个不小心跌倒了，自然会有人来扶持我们，那个就是朋友。朋友的一句关心的话语可以温暖我们的心，朋友一个关爱的眼神可以给我们无限的力量，朋友一个细微的表情就可以让我们扭转局面。

有朋友固然很好，但作为一个独立的个体，我们必须有足够的能力来照顾自己，对朋友可以信任，但请不要用来依赖，对朋友依赖久了，我们就会变得很差劲，一旦我们的生活中少了他，我们的世界就会坍塌。更重要的是，一有事情就去折腾朋友，不仅我们会感觉很累，我们的朋友也会很烦，因为此时我们已成为他的负担。

“有难同当，有福同享”是朋友的真心，在与朋友相处中，友谊是纯洁的，可切勿滥用凡事“靠”朋友这招来逼迫朋友为我们办事。

张超是个很讲义气的小伙子，大学毕业后分在省级机关工作。自打成家有子之后，他越来越有一种负疚感：自己到底是不是那种薄情寡义之人？

他越来越怕接到朋友或家乡故人的电话或信，内容无非是说“我几时几时要到你那儿，请你帮忙买张卧铺票”“联系个著名的医生”“陪我逛逛百货大楼”“托你带件什么东西”“帮我……”诸如此类的事。

要说这些事有多难吧，也确实没多难；要说没多大事吧，可每次总把人折腾得筋疲力尽。更可怕的是朋友到家里来住，地方小倒腾不开，再加上还要吃喝用拿。自打朋友走后的那几天，妻子的脸色总是怪怪的，阴晴不定，时不时嘴里冒出一句：“狐朋狗友！”弄得张超左右为难，尴尬万分。

张超的感觉其实没有任何错，错出在他的朋友身上。他们过度地依赖张超，不光张超自己感觉很累，而且连带家人都跟着受罪。

友情确实可以成为我们在社会生活中的动力机器，但它毕竟马力有限，需要不时加油。为了让它发挥正常的功效，正常运转，请注意别让友情超载。

首先，传统的友情总是抱定一种不讲道理的假设："是朋友就该如何如何"。事实上，任何人都没有这种必须帮助我们的义务，假若我们真心当他是朋友，就不该要求别人如何如何，在友情的逻辑中，上述假定应更改为"只有如何如何，才能够朋友"。

其次，我们要设身处地地为对方想一下，一个健康的个体必然充分注重保护自己各方面的权利，他总是希望得到有价值的东西，选择对自己有价值的交往。许多人常常为功利与情义而纠缠不清，总想把自己真实的动机掩盖起来，其结果反而是两败俱伤，一无所获。要记住，积极健康的个体并非无私无欲，但能取之有道。

最后要注意，别以为我们交代给朋友的都是小事，这里面还牵涉着很多问题。现代人的生活就像军营一样，上班、下班、吃饭、熄灯都是整齐划一的。不同的是，这种秩序不是靠纪律而是靠生产和生活方式决定的。如果我们找朋友帮忙时，或许没耗费他们的金钱与精力，但却可能打乱了他正常的生活秩序。为了搞车票，要耽误工作而且欠人情；为了陪我们吃饭，没能接孩子，妻子不高兴……朋友也许不好意思说他的付出与牺牲，但我们若将这一切视为当然或应该，时间久了，就不会再有朋友了。

要想友谊天长地久，就要相互理解体谅。无论在哪里，都不能一味地"靠"朋友。拿朋友当拐杖则是贬低朋友，滥用朋友的情义。

就算是再好的朋友，如果愈接近，相处之道也越难以拿捏。脱离上班族的生活，和朋友合资经营生意，过程是相当坎坷的。因为这其中牵扯到利害关系，朋友间的交往也不可能将这些因素拿掉，只做单纯的交往。

在与朋友交往的过程中，有些误区犹如"地雷"，没有碰到它当然平安无事，一旦碰到它，炸响了就会使双方都受伤。这样的结果是任何一个人都不愿意看到的。所以说，要想把朋友交好就千万注意不要去碰这些"地雷"。

（1）出门靠朋友。人作为主体与周围客体发生联系的时候，总会发现有的客体能够满足自己的需要，而有的则满足不了，多数人总是会选择与前者进行交往。

（2）没有真正为朋友着想。真正的友谊不在于共享欢乐或无微不至的关怀照顾，而在于危机时的关心、指点、理解与支持。

（3）滥用他人的友情。关键的朋友要留在关键的时候再用，不要把他们的善意滥用在无关紧要的事情上，就像遇到危险之前要保持火药干燥一样。倘若我们迫不及待地让朋友为我们办事，日后还有什么能让他为我们做呢？能够帮我们的朋友比一切都珍贵，珍贵之物决不应滥用。

朋友间的交往方式，没有固定的公式或是正确答案。但我们认为保持适当的距离才能细水长流，应该以这个原则为基础。不能因为两个人非常合得来，就过分接近，这样反而会产生破绽。和朋友、知己间的距离没有一定的标准。虽然我们无法目测，但是我们可以抓住感觉，了解“和这个人要保持多少距离，和那个人要保持多少距离”，以和不同的人交往。

越努力越幸运

不要把朋友的助力当成目标，而是互相维持各自独立的关系。能够帮助人格提升、视野扩大的这种交往关系，应该是最好的交往方式了。

>>> 友情是不能拿来利用的

现实生活中有很多人喜欢跟朋友玩心眼，喜欢利用朋友，他们认为朋友不是用来依靠的，而是用来利用的，他们这种心态导致他们自私自利、唯利是图。在一些商场里面的图书，大多关于教我们做一个有心计的人，教我们如何玩脑袋，这一切导致这个社会人与人之间的尔虞我诈、钩心斗角，在这些人内心深处都有这种心理倾向，所以他们看到这种书籍之后便很容易吸收进去，他们不懂朋友是什么概念。

刘东和张武是同窗好友，而且同在一家股票软件的公司，刘东做客服和一些客户咨询的事，张武负责软件研发。后来，刘东去了一家股票咨询公司，做了股票信息门户网站的编辑部主任；而张武另立门户，开了一家软件公司。

有一天，张武接到刘东的电话，说他有一个项目想和张武合作，让张武前往刘东现在公司面淡。大概情况是，刘东现在去的公司要做一门户网站，因为涉及到交易，所以安全很重要，还有同步传输，由于访问量大需要保证网站的高速度。这对张武来说技术不存在问题，因为张武在以前公司做的股票软件交易系统，与证券交易所的同城传输、系统的同步备份都运行得很好。

按约定时间张武前往刘东所在公司，见到了刘东，老朋友见面，先客气互问后，刘东介绍了他的情况，因为一去就当主任，员工不服气，所以他想与张武合作，以最快的时间开发出这套交易系统和门户网站出来。

张武看了系统问了在会的研发人员一些问题，然后就告诉他们这个系统该如何做，里面有什么技术要点，以及该如何维护，等等。研发人员连连点头说是，他们很认可张武的技术。

张武也很高兴，以为签下这个项目肯定没问题了。

当时，其他人不知道张武与刘东的关系。在刘东出去的一段时间，刘东的一个下属说了真实情况：他们花了20万找了一家大公司已经开发出这套系统，只是系统不稳定，但那家公司不愿意免费给他们做后面的工作；如果要再进一步修改与完善，需要公司再付10万。可公司不愿意出钱。刘东自告奋勇把这个任务接了下来。

当张武明白这件事情的前因后果时，霎时明白，自己被刘东利用了。他很伤心：如果刘东直接告诉他，有个忙要帮一下，说明情况，自己也会抽空帮他，而刘东居然采用这种手段来利用自己，这样的人根本不配做朋友！

莫说是朋友，即使是普通关系，如果被对方利用，我们也会有一种被羞辱的感觉，刘东对张武做出这样的事，就不能怪张武不认刘东这个朋友了。

有一个名人在他的客厅里挂了这样一幅字："我能帮，我不帮，我不够朋友；我不能帮，你要我帮，你不是朋友！"朋友间遇到困难，在力所能及的范围帮上一把，是人之常情。但让朋友勉为其难，甚至于违规、违法，搭上信誉，乃至身家性命就实在不能称之为朋友了！

朋友本来就不是拿来用的，闲暇的时候一起聊聊，烦恼的时候诉诉苦闷，欢乐的时候一起分享，这就是朋友了。一旦拿来用了，甚至牵扯上利益，朋友的感情就往往容易变质。

摆正心态，不勉为其难，这才是为朋友应做的。

有一个法官，他有一个从小就很好的朋友，是公司负责人。有一天，这个朋友因为经济案件被捕，朋友的妻子哭着来找他帮忙，满以为他会鼎力相助，没想到他却拒绝了。朋友妻子因此大为不满，认为他不够朋友。朋友也因此不愿理他，他每次到监狱探望，朋友都态度冷淡，但他仍然坚持。若干年后朋友出来了，态度依然冷淡，但他仍常常到朋友家中坐坐。几年后，朋友一家搬迁外地，本以为难再见面，没想到朋友却常带着家人回来与他小聚，这时朋友的生活也慢慢好转。他终于开口问朋友还怪他吗？朋友说："还怪什么？事情都过去这么久了。何况当时也挺为难你的。再说，朋友本来就不是拿来用的。"

这个法官朋友才是真正的朋友。

这个社会纷繁复杂，我们要想找到一个真正的朋友，是很难的。但朋友是用来珍惜的，不是用来利用的！我们如果有事直接跟朋友说，他一定会帮我们，这就是朋友之间的默契啦！友情，往往是很多物质上的东西都换不来的！

有人交友广阔，狐朋狗友遍天下，可以倚仗朋友办这事办那事，常当作资本挂在嘴边卖弄。还有的人清心寡欲，声言得一知己足矣。关于朋友有很多老话烂熟于胸，什么多个朋友多条路，朋友多了路好走，什么有朋自远方来不亦乐乎……

有人说，林子大了，什么鸟都有。尤其是现在的现实社会，人与人之间，戒备多于信任，利益高于友情，诚信却稀缺得像天然钻石，有人把诚信比作黄金，可现在黄金也在不断贬值。

但我们始终相信，友情是藏在每个人心中的种子，是荒凉大漠里面一弯清泉，是雪山上的莲花，在我们最干渴的时候能滋润心田，在我们最绝望的时候给予希望，让我们有勇气重新站起来继续旅程。

朋友是心相印，任何掺杂了利益的朋友都有变质的危险。有了成就，只有朋友能从心里分享我们的快乐，而不是嫉妒；有了苦闷，只有朋友会静静地倾听我们的唠叨，而不是落井下石；需要帮助的时候义不容辞尽己所能，就算一无所有，还有一颗赤诚的心围绕在我们身边，让我们不会孤单。迎来送往的热闹不断上演，吃吃喝喝勾肩搭背的所谓朋友也在我们的路上穿梭，究竟谁是朋友？名利高寒阁，冷暖只自知。

越努力越幸运

朋友啊朋友，你可曾想起了我？如果你正享受幸福，请你忘记我。朋友啊朋友，你可曾记起了我？如果你正承受不幸，请你告诉我。

>>> 贵在相知，交友不要害怕吃亏

长期以来，人们最忌讳将朋友间的交往和交换联系起来，认为一谈交换，就很庸俗，或者亵渎了人与人之间真挚的感情。但实际上，朋友间你来我往，无论从情感上讲，还是从物质上讲，彼此交流都不乏交换的味道。既然是交换就涉及利益的多寡，因此生意人在与朋友的交往中必须注意：交朋友不同于做生意，要让别人觉得与我们的交往值得。

与朋友交往，情愿自己吃点亏是一个很好的交际方法。不管是吃大亏，还是吃小亏，只要能对搞好朋友关系有帮助，你就要尽力吃下去，不能皱眉。尤其是大亏，有时更是一本万利的事。

当然交友吃亏也必须讲究方式和技巧。

交朋友吃亏要吃在明处，否则就是白吃。有的人为了息事宁人，往往去吃暗亏，结果是“哑巴吃黄连，有苦难言”。

亏要吃在明处，吃在暗处就只有白吃了。我们吃亏时，至少要让对方明白，让对方意识到，我们吃亏是为了帮助他。

俗话说，“吃亏是福”，是很有道理的。因为吃亏，我们就成了施者，朋友则成了受者，看上去是我们吃了亏，他得了益。然而，朋友却欠了我们一个情，在友谊、情谊的天平上，我们已为自己加了一个筹码，这是比金钱、比财富更值得珍视的东西。

吃亏，会让我们在朋友眼里变得豁达、宽厚，让我们获得更深的友谊。这当然会使朋友更心甘情愿帮助我们，为我们办事。

心理学家提醒我们，不要害怕吃亏。郑板桥的“吃亏是福”的拓片为很多人所珍爱，然而真正领悟其中真谛的，恐怕为数不多。实际上，许多人在交往中都是唯恐自己吃亏，甚至总期待占到一点便宜。然而，“吃亏是福”确实有它的心理学依据。“吃亏”是一种明智的、积极的交往方式，在这种交往方式中，由“吃亏”所带来的“福”，其价值远远超过了

所吃的亏。这有两个原因：

一方面，与别人交往中的吃亏会使自己觉得自己很大度、豪爽、有自我牺牲的精神、重感情、乐于助人等，从而提高了自己的精神境界。同时，这种强化也有利于增加自信和自我接受。这些心理上的收获，不付出是得不到的。

另一方面，天下没有白吃的亏。在朋友交往中都遵循着相类似的原则。我们所给予对方的，会形成一种社会存储，而不会消失，一切终将以某种我们常常意想不到的方式回报给我们。而且，这种吃亏还会赢得朋友的尊重，反过来将增加我们的自尊与自信。

姚崇是唐玄宗时期有名的宰相。在姚崇的朋友之中，有一位叫张宗全的秀才便是深谙做人、为友之道的高手，并因此受益。

姚崇年轻的时候和张宗全一起求学。一次，老师要姚崇与张宗全就某个题目做一篇文章，两天之后交卷。他们下去都精心做了准备，将自认为写得最好的一篇交了上来。事有凑巧，姚崇与张宗全所写的内容几乎完全一样，且观点也相当一致。这如何不使老师为之恼火？没想到自己门下最得意的两门生敢剽窃他人作品，这如何了得？

看到这种情况，姚崇据理力争，声明文章绝非剽窃。张宗全的作品也非剽窃他人，但为了平息老师的怒火，就对老师说："前两天与姚崇兄论及此题，姚兄高谈阔论，学生深感佩服遂引以为论。"

老师听到这番话，也知错怪了两位学生，就平息了心中怒火。事后姚崇心里为此深感佩服，为张宗全的广阔胸襟所感动。姚崇当宰相后，遂向唐玄宗推荐此人，唐玄宗在亲自考核张宗全的才华之后，便封了他一个正三品官衔。

由此可见，在一些无关紧要的场合中，自己吃些小亏，做些让步，看似糊涂，其实聪明。张宗全送个人情给对方，使姚崇一辈子都记住这个人情，最后张宗全反而获得了荣华富贵。

很显然，**吃亏将带给我们的是一个美好的人际交往世界**。而那些喜欢占便宜的人，每占了别人一分便宜，就丧失了一分人格的尊严，就少了一分自信，长此以往，必将在人际交往中找不到立足之地。

不怕吃亏的同时，我们还应该注意，不要过多地付出。过多地付出，对于对方来说是一笔无法偿还的债，会给对方带来巨大的心理压力，使人觉得很累，导致心理天平的失衡。这同样会损害已经形成的人际关系。这种例子屡见不鲜，我们常常会听人抱怨："我对他那么好，付出了那么多，为什么他反倒开始不喜欢我了？"殊不知，正是自己付出的太多，才损害了两个人的关系。

越努力越幸运

对朋友不要怕吃亏。在平时，多吃点"亏"做友情的长线投资，那么将来的路会越走越宽。朋友间，不怕吃亏的人怎么会真正吃亏？

Part10

换个方向角度，苦也可能变成甜

通向成功的路，不可能都是平坦的，当在前进时遇到阻碍，就需要我们学会变通，克服困难。 当我们遇到阻碍、困难时，总会想用一种旧的方式尝试克服困难。学会变通，放弃毫无意义的固执，这样才能更好地办成事情。

>>> 变通，是一种弹性的生存方式

道树禅师建了一所寺院，与道士的宫观为邻。道士放不下旁边的这所佛寺，因此每天变一些妖魔鬼怪来扰乱寺里的僧众，要把他们吓走。今天呼风唤雨，明天装神弄鬼，确实将不少年轻的沙弥都吓走了。可是，道树禅师却在这里一住就是10多年。到了最后，道士所变的法术都用完了，道树禅师还是没走，道士无法，只得将道观放弃，迁离他地。

后来，有人问道树禅师："道士们法术高强，您怎能胜过他们呢？"

禅师说："我没有什么能胜他们的，勉强说，只有一个'无'字能胜他们。"

"无，怎能胜他们呢？"

禅师说："他们有法术，有，是有限、有尽、有量、有边；而我无法术，无，是无限、无尽、无量、无边；无和有的关系，是不变应万变。我'无变'当然会胜过'有变'了。"

人的生命只有一次，而这仅有一次的生命长则不过百年，短则未出生就会夭折。正因为如此，生命就显得太宝贵了。面对如此宝贵的生命我们不能不问一问自己：我们选择怎样的人生道路才能够享受生命的全部乐趣，而在人生的尽头可以毫无遗憾地含笑离去呢？

30多岁的年轻人向着理想奋斗，要注意无为而为。有意发展，无意成功，也就是锲而不舍，功到自成。一心向着理想，不问结果。

要保持一颗宁静的平常心，宁静是一种人生感悟、一种铭心刻骨的体验。以宁静之心应对纷繁复杂的烦躁之遇，以不变应万变，从而学会欣赏生命，阅读人生，尽览人间万象，品味自然神韵。

其实，**成败得失都有其自然法则，毁誉褒贬皆为平常中的道理**。只要怀着平常之心，我们就能做到豁达而不失节制，恬淡而不失执着，宁静而不失勤勉。就能领悟到苦乐酸甜悲喜之中皆包含着真滋真味，沉浮兴衰枯

荣的更迭交替中也隐藏着自然的深奥玄机，浓淡醉醒素艳的循序渐进中更是各有各的况味意境。

如果我们有了一颗平常心，凡事皆可以用不变的平常之心去面对。当然，这是大方面的要求。在具体的问题上，我们还是要学会变通，就像下面故事里的雪松一样。

加拿大魁北克省有一条南北走向的山谷。山谷没有什么特别之处，唯一能引人注意的是它的西坡长满松、柏、女贞等树，而东坡却只有雪松。为什么会有这样的奇异景色呢？

揭开这个谜底的，是一对夫妇。

那是1993年的冬天，这对夫妇的婚姻正濒于破裂的边缘。为了找回昔日的爱情，他们打算做一次浪漫之旅，如果能找回就继续在一起，否则就友好分手。他们来到这个山谷的时候，下起了大雪，他们支起帐篷，望着漫天飞舞的大雪，发现由于特殊的风向，东坡的雪总比西坡的大且密。不一会儿，雪松上就落了厚厚的一层雪。不过当雪积到一定程度，雪松那富有弹性的枝丫就会向下弯曲，直到雪从枝上滑落。这样反复地积，反复地弯，反复地落，雪松完好无损。可其他的树，因为没有这种本领，树枝被压断了。妻子发现了这一景观，对丈夫说：“东坡肯定也长过杂树，只是不会弯曲才被大雪摧毁了。”刹那间，两人突然明白了什么，拥抱在一起。

生活中我们承受着来自各方面的压力，积累着终将让我们难以承受。这时候，我们需要像雪松那样弯下身来，释下重负，才能够重新挺立，避免被压断的结局。弯曲，并不是低头或失败，而是一种弹性的生存方式，是一种生活的艺术。

越努力越幸运

人的一生从来不是简简单单的，错综复杂才是人生的常态。所以，我们要以宁静的心态来感受生活，但是在压力、挫折来临时要学会变通。

>>> 只有改变看法，才能改变想法

现实生活中，有人会因为失败而跳楼，也有人因为战胜失败而成就一番更大的事业；有人会因为对手强大而畏惧，也有人会因为挑战巨人而使自己快速成为巨人；有人会因为产品卖不出去而抱怨产品、抱怨公司、抱怨顾客，也有人因为产品卖不出去而创新出大受市场欢迎的新产品和新服务；有人会因为受不了上司的严厉而每每跳槽，也有人会因为“严师出高徒”而使自己能胜任更复杂的工作后不断晋升到高位！

对事物的看法，没有绝对的对错之分。但有积极与消极之分，而且每个人都必定要为自己的看法承担最后的结果。消极思维者，对事物永远都会找到消极的解释，并且总能为自己找到抱怨的借口，最终得到了消极的结果。接下来，消极的结果又会逆向强化他的消极情绪，从而又使他成为更加消极的思维者，形成恶性循环……

所有的这一切正如叔本华所言：**“事物本身并不影响人，人们只受对事物看法的影响！”**即使我们不能改变环境，至少我们可以改变内心的想法和看待事物的态度；我们不可以改变自己的容貌，但可以展现笑容；我们不能控制他人，但可以掌握自己；我们不能预知明天，但可以利用好今天；我们不可能每战必胜，但我们可以尽心尽力……

在美国，一位叫塞尔玛的女士内心愁云密布，生活对于她已是一种煎熬。

为什么呢？因为她随丈夫从军。没想到部队驻扎在沙漠地带，住的是铁皮房，与周围的印第安人、墨西哥人语言不通；当地气温很高，在仙人掌的阴影下都高达华氏125度；更糟的是，后来她丈夫奉命远征，只留下她孤身一人。因此她整天愁眉不展，度日如年。我们能想象她内心的痛苦，就像我们自己也会经常碰到的那样。

怎么办呢？无奈中她只得写信给父母，希望回家。

久盼的回信终于到了，但拆开一看，使她大失所望。父母既没有安慰她几句，也没有说叫她赶快回去。那封信里只是一张薄薄的信纸，上面也只是短短的几行字。

这几行字写的是什么呢？

“两个人从监狱的铁窗往外看，一个看到的是地上的泥土，另一个看到的却是天上的星星。”

她开始非常失望，还有几分生气，怎么父母回的是这样的一封信？！但尽管如此，这几行字还是引起了她的兴趣，因为那毕竟是远在故乡的父母对女儿的一份关切。她反复看，反复琢磨，终于有一天，一道闪光从她的脑海里掠过。这闪光仿佛把眼前的黑暗完全照亮了，她惊喜异常，每天紧皱的眉头一下子舒展了开来。大家知道这是为什么吗？

原来这短短的几行字里，她终于发现了自己的问题所在：她过去习惯性地低头看，结果只看到了泥土。但自己为什么不抬头看？抬头看，就能看到天上的星星！而我们生活中一定不只是泥土，一定会有星星！自己为什么不抬头去寻找星星，去欣赏星星，去享受星光灿烂的美好世界呢？

她这么想，也开始这么做了。

她开始主动和印第安人、墨西哥人交朋友，结果使她十分惊喜，因为她发现他们都十分好客、热情，慢慢都成了朋友，他们还送给她许多珍贵的陶器和纺织品做礼物；她研究沙漠的仙人掌，一边研究，一边做笔记，发现仙人掌是那么的千姿百态，那样的使人沉醉着迷；她欣赏沙漠的日落日出，她感受沙漠的海市蜃楼，她享受着新生活给她带来的一切。慢慢地她找到了星星，真的感受到星空的灿烂。她发现生活一切都变了，变得使她每天都仿佛沐浴在春光之中，每天都仿佛置身于欢笑之间。后来她回美国后，根据自己这一段真实的内心历程写了一本书，叫《快乐的城堡》，引起了很大的轰动。

大家看，这件事情是不是太有意思了？对这位女士来说前后简直判若两人：一个是无限的痛苦，一个是不尽的快乐；一个是阴雨连绵，一个是阳光灿烂。但对于这位女士来说，她所处的环境并没有改变！我们大家一起再想一想：沙漠变了没有？没有变！铁皮房变了没有？没有变！仙人掌阴影下华氏125度的高温变了没有？没有变！印第安人、墨西哥人变了没有？没有变！这一切都没有变，那变的是什么呢？显然变的是她的内心，是她内心习惯性的思维方式——过去她习惯性地选择看泥土，选择事情的消极一面，后来她习惯性地选择找星星，选择事情的积极一面。大家看，其他什么也没变，变的只有那么一点点。但就是这么一点小小变化，带来的结果却大相径庭：一个痛苦，一个快乐；一个失败，一个成功。这很像一个岔道，刚开始就那么一点点偏差，但走到后来，差异会越来越大。因此，对这一点我们就要深入开拓，因为这一点太宝贵，太重要了。

越努力越幸运

我们每个人都渴望快乐，而不希望痛苦；都渴望成功，而不希望失败，而这一切却与“改变了看法就改变了想法”密切相关。

>>> 以灵活机动的方式应对生存

很多成功人士的经历告诉年轻人，能屈能伸是一个可能成大器之人必备的一项素养。大丈夫根据时势，要屈时就屈，需要伸时就伸，可以屈时就屈，可以伸时就伸。屈于应当屈的时候，是智慧；伸于应当伸的时候，也是智慧。屈是保存力量，伸是光大力量；屈是隐匿自我，伸是高扬自我；屈是生之低谷，伸是生之巅峰。这里的屈和伸不仅是一种进退两宜的生存技巧，更是一种变通，不守旧规，不念旧法，不受制于旧观念的思维方式。

所以，哲学家讲："你改变不了过去，但你可以改变现在；你想要改变环境，就必须改变自己。"我们每天面对层出不穷的矛盾和变化，在变化面前，采取灵活机动的变通方式积极应对，这是我们需要掌握的一种做人做事的方法。

齐桓公晚年宠信三个亲信：竖刁、易牙、卫开方。

竖刁是齐桓公最亲信的宦官。他原来不是宦官，是为了能贴身服侍齐桓公自愿接受了宫刑。

易牙是一位精于烹饪的专家。有一天，齐桓公说："我什么美食都吃过，就是没有吃过人肉。"当天晚上，易牙就把一盘蒸肉送给齐桓公。齐桓公对此肉的味道大加赞赏，易牙说："这是我3岁儿子的肉，我听说忠臣不顾惜他的家人，所以我把儿子奉献给国君。"

卫开方是卫国的贵族，追随齐桓公15年，父亲去世都没有回家奔丧。

对这三位人物所表现的忠贞令齐桓公十分感动。他按照旧理，总觉得这种肯为自己做出巨大牺牲的人是值得依赖的。但管仲说，如果连自己的身体、儿女、父母都不爱的人，不可能去爱别人的。齐桓公一生都在管仲指导之下，只有这件事他不苟同管仲。

两年后，即公元前643年，齐桓公病重，不能起床。竖刁、易牙发现自己没有利用价值，效忠已不能带来利益，于是决定杀掉太子姜昭，拥立齐桓公的另一个儿子姜无亏，这样他们就可以顺理成章地继续得到宠信。他们下令禁止任何人出入齐桓公的寝宫，不让人与齐桓公接近，最后把齐桓公活活饿死了。

故事中，竖刁、易牙对齐桓公忠心耿耿，但当他们发现继续效忠已不能为自己带来利益时，于是悍然选择了背叛。

从齐桓公的角度来说，他墨守成规，总认为肯为自己牺牲的人就是可以信任的人，他看不到时势已变得对自己不利，还保持着一厢情愿的旧想法，结果是可悲的。

善于变通的人，是不会死钻牛角尖的，他们懂得此路不通就换一条路，并且能够采取行动以抓住机会，也就是说，他们绝不会一条路走到黑。**生活不是一成不变的，我们每一个人都应该掌握变通的智慧**。

村庄里有一位对上帝非常虔诚的牧师，40年来，他照管着教区所有的人，施行洗礼，举办葬礼、婚礼，抚慰病人和孤寡老人，是一个典范的圣人。

有一年，倾盆大雨连续不停地下了20天，水位高涨，迫使老牧师爬上了教堂的屋顶。正当他在那里浑身颤抖时，突然有个人划船过来，对他说道："神父，快上来，我把你带到高地。"

牧师看了看他，回答道："40年来，我一直按照上帝的旨意做事，我施行洗礼，举办葬礼，抚慰病人和孤寡老人。我一年只休一个星期的假期，而在这一个星期的假期中，你知道我干什么去了？我去了一家孤儿院帮忙做饭。我真诚地相信上帝，因为我是上帝的仆人，因此你可以驾船离开，我将停留在这里，上帝会救我的。"

那人划着船离去了。两天之后，水位涨得更高，老牧师紧紧地抱着教堂的塔顶，水在他的周围打着漩涡。这时，一架直升机来了，飞行员对他喊道："神父，快点，我放下吊架，你把吊带在身上绑好，我们将把你带到安全地带。"

对此，老牧师回答道："不，不。"他又一次讲述了他一生的工作和他对上帝的信仰。这样，直升机也离去了，几个小时之后，老牧师被水冲走、淹死了。

因为是一个好人，他直接升入天堂。老牧师对自己最后的遭遇颇为生气，来到天堂时，情绪很不好。他气冲冲地在天堂中走着，突然间碰到了上帝。上帝惊讶地看着他，说道："麦克唐纳牧师！多令人惊奇！"老牧师凝视着上帝，说："哦！惊奇，是吧？40年来，我遵照你的旨意做事，有过之而无不及；而当我最需要你的时候，你却让我淹死了。"

上帝望着他，迷惑不解地说："你被淹死了？我不相信，我确信我给你派去了一条船和一架直升机。"

人生的大门有时是没有钥匙的，在命运的关键时刻，人最需要的不是墨守成规的钥匙，而是一块砸碎障碍的石头！这块石头就是变通。一位哲学家曾经说过一段极富哲理的话：有的门是推开的，有的门是拉开的，如果你拼命地去推那应该拉开的门，除非你将门毁坏，否则你将无法通过它。

确实，如果你最初就选错了开门的方法，那么"坚持到底"的精神只能让你与成功南辕北辙。在这种情况下，谁又能说"半途而废"不是一种明智的选择呢？

在成功的路上，你只有正确判断自己所处情境中的现实状况，根据具体问题具体分析，变换应该在这种情境下使用的手段和方法，才能够做出及时的反应并采取相应的措施。

越努力越幸运

聪明的人之所以势利，在于他们知道，抄近道而取之，可以收事半功倍之效。如果我们很明确地意识到自己的生存，以及在生存基础之上的孜孜以求的发展，那么，我们就不应该在去与留之间徘徊，就不应该在势和利面前缩手缩脚。

>>> 此路不通，就寻找另外的出口

美国缅因州，有一个伐木工人叫巴尼·罗伯格。一天，他独自一人开车到很远的地方去伐木。一棵被他用电锯锯断的大树倒下时，被对面的大树弹了回来，他躲闪不及，右腿被沉重的树干死死压住，顿时血流不止，疼痛难忍。面对自己伐木史上从未遇到过的失败和灾难，他的第一个反应就是："我该怎么办？"

他看到了这样一个严酷的现实：周围几十里没有村庄和居民，10小时以内不会有人来救他，他会因为流血过多而死亡。他不能等待，必须自己救自己。他用尽全身力气抽腿，可怎么也抽不出来。他摸到身边的斧子，开始砍树。但因为用力过猛，才砍了三四下，斧柄就断了。他真是觉得没有希望了，不禁叹了一口气，但他克制住了痛苦和失望。他向四周望了望，发现在不远的地方，放着他的电锯。他用断了的斧柄把电锯弄到手，想用电锯将压着他的腿的树干锯掉。可是，他很快发现树干是斜着的，如果锯树，树干就会把锯条死死夹住，根本拉动不了。看来，死亡是不可避免了。

然而，正当他几乎绝望的时候，他忽然想到了另一条路，那就是不锯树而把自己被压住的大腿锯掉。这是唯一可以保住性命的办法！他当机立断，毅然决然地拿起电锯锯断了被压着的大腿。他终于用难以想象的决心和勇气，成功地拯救了自己！

人生总免不了要遭遇这样那样的失败。确切地说，我们几乎每天都在经受和体验各种失败。有时候，我们甚至会在毫不经意和不知不觉之间与失败不期而遇。面对失败，我们又往往会采取习惯的对待失败的措施和办法——或以紧急救火的方式扑救失败，或以被动补漏的办法延缓失败，或以收拾残局的方法打扫失败，或以引以为戒的思维总结失败……虽然这些都是失败之后十分需要甚至必不可少的，但却是在眼睁睁看着失败发生而

又无法抢救的情况下采取的无奈之举。任凭失败一路前行而无力改变，实在是更大的失败和遗憾。

失败时，我们不妨换一个角度去思考，也许就会走出所谓的失败，走向成功。所以说问题的关键不是失败，而是我们看待失败的心态。

古时候有一位国王，梦见山倒了、水枯了，花也谢了，便叫王后给他解梦。

王后说："大事不好。山倒了指江山要倒；水枯了指民众离心，君是舟，民是水，水枯了，舟也不能行了；花谢了指好景不长了。"国王听后惊出一身冷汗，从此患病，且愈来愈重。一位大臣要参见国王，国王在病榻上说出了他的心事，哪知大臣一听，大笑说："太好了，山倒了指从此天下太平；水枯指真龙现身，国王，你是真龙天子；花谢了，花谢见果呀！"国王顿时感觉全身轻松，很快就痊愈了。

是的，失败恰似一条飞流直下的瀑布，看上去仿佛湍湍急泻、不可阻挡，实际上却可以凭借人们的智慧和勇气，让其改变方向，朝着人们期待的目标潺潺而流。就像巴尼·罗伯格，当他清楚用自己的力气已经不能抽出腿也无法用电锯锯断树干时，便断然将腿锯掉。虽然这只能说是一种失败，却避免了任其发展下去会导致的更大失败，使失败改了道，终于赢得了宝贵的生命。相对于死亡而言，这又何尝不是一种成功和胜利呢？

假如我们在失败刚刚发生或者还不至于酿成毁灭性灾难的时候，审时度势，转变思路，让失败改道而行，那么，不仅可以最大限度地减少失败造成的后果，而且能够进入一个柳暗花明、反败为胜的崭新天地。

越努力越幸运

失败时，如果能够静下心来，坦然面对，那么在我们从另一个出口走出去时，就有可能看到另一番天地。

Part11

有量变才有质变，争取每天进步一点点

有很多人非常急躁，什么事都想做，结果反倒欲速则不达。善于思考的人，通常不是一步到位，而是每天都比前一天做得更好。这样的人，早晚都会成为精英。从现在开始，一天做件实事，一月做件新事，一年做件大事，一辈子做件有意义的事。

>>> 一点点放大，一点点进步

有一首童谣：失了一颗铁钉，丢了一只马蹄铁；丢了一只马蹄铁，折了一匹战马；折了一匹战马，损了一位将军；损了一位将军，输了一场战争；输了一场战争，亡了一个帝国。

一个帝国的灭亡，一开始居然是因为一位能征善战的将军的战马的一只马蹄铁上的一颗小小的铁钉松掉了。

正所谓小洞不补，大洞吃苦。每次的一点点变化，最终也许会酿成一场灾难。

管理学有一个“蝴蝶效应”。纽约的一场风暴，起始条件是东京有一只蝴蝶在拍翅膀。翅膀的振动波，正好每次都被外界不断放大，不断放大的振动波越过大洋，结果就引发了纽约的一场风暴。

每次一点点的放大，最终会带来一场“翻天覆地”的变化。

成功就是：每天进步一点点。

成功来源于诸多要素的集合叠加，比如，每天笑容比昨天多一点点，每天走路比昨天精神一点点，每天行动比昨天多一点点，每天效率比昨天高一点点，每天方法比昨天的多一点点……正如数学中50%×50%×50%=12.5%，而60%×60%×60%=21.6%，每个乘项只增加了0.1，而结果却几乎成倍增长。**每天进步一点点，假以时日，我们的明天与昨天相比将会有天壤之别。**

法国有一个童话故事中有一道脑筋急转弯的智力题：荷塘里有一片落叶，他每天会增长一倍，假使30天会长满整个荷塘，问第28天，荷塘里有多少荷叶？答案要从后往前推，即有四分之一荷塘的荷叶，这时，你站在荷塘的对岸，你会发现荷叶是那么少，似乎只有那么一点点，但是第29天就会占满一半，第30天就会长满整个池塘。

正像荷叶长满荷塘的整个过程，荷叶每天变化的速度都是一样的，可是前面花了漫长的28天，我们能看到的荷叶都是只有那一个小小的角落。在追求成功的过程中，即使我们每天都在进步，然而，前面那漫长的28天因无法让人享受到结果，常常令人难以忍受，人们常常只对第29天的希望与第30天的结果感兴趣，却因不愿忍受漫长的成功过程而在第28天放弃。每天进步一点点，它具有无穷的威力，只是需要我们有足够的耐力，坚持到第28天以后。每天进步一点点是简单的，就是要你始终保持强烈的进取心。一个人，如果每天都能进步一点点，哪怕1%的进步，试想有什么能阻挡得了他最终到达成功?

日本企业所生产的产品向来以品质卓越著称，不论是电子产品、家用电器、汽车等，他们的产品品牌在世界上是属于一流的。

日本人对于品质有如此高的重视，主要归功于一位美国的品质大师戴明博士。

二次世界大战结束后，戴明博士应日本企业邀请，重振日本经济。戴明博士到了日本之后，对日本企业界提出“品质第一”的倡议。他告诉日本企业界，要想使自己的产品畅销全世界，在产品品质上一定要持续不断地进步。

戴明博士认为产品品质不仅要符合标准，还要无止境地每天进步一点点。当时有不少美国人认为戴明博士的理论很可笑，但日本人完全照做。果然，今天日本企业的产品在世界上取得了辉煌成就。

福特汽车公司一年亏损数10亿美元时，他们请戴明博士回来演讲，戴明仍然强调企业要在品质上每天进步一点点，只有通过持续不断地进步，才可以使企业起死回生重振雄风。

结果，福特汽车照此法则贯彻3年之后，便转亏为盈，一年净赚60亿美金。

前洛杉矶湖人队的教练派特·雷利在湖人队最低潮时，告诉12名球队的队员说：“今年我们只要每人比去年进步1%就好，有没有问题？”球员一听：“才1%，太容易了!”于是，在罚球、抢篮板、助攻、抄截、防守一共5方面各进步了1%，结果那一年湖人队居然得了冠军，而且是最容易的一年。

有人问教练，为什么这么容易得到冠军呢？

教练说："每个人在5个方面各进步1%，则为5%，12人一共60%，一年进步60%的篮球队，你说能不得冠军吗？"

让自己每天进步1%，只要你每天进步1%，你就不担心自己没法快速成长。

在每晚临睡前，不妨自我分析：今天我学到了什么？我做错了哪些事？今天我有什么做对的事？假如明天要得到我要的结果，有哪些错不能再犯？

反问完这些问题，你就比昨天进步了1%。无止境的进步，就是你人生不断卓越的基础。

你在人生中的各方面也应该照这个方法做，持续不断地每天进步1%，一年便进步了365%，长期下来，你一定会有一个高品质的人生。

越努力越幸运

不用一次大幅度的进步，一点点就够了。不要小看这一点点，每天小小的改变，会有大大的不同，很多人一生当中，连一点进步都不一定做得到。人生的差别就在这一点点之间，如果你每天比别人差一点点，几年下来，就会差一大截。如果你将这个信念用于自我成长上，100%地会有180度的大转变，除非你不去做。

>>> 从底层锻炼，从高处起飞

踏入僧多粥少的就业市场，不少毕业生想得更多的是："我要从底层做起，一步一步前进。"这看起来的确很务实，但是也很有可能让你的前途蒙上一层阴影，不可预期。你也很有可能在底层摸爬滚打的过程中，渐渐丧失掉最初的希望和热情，从而迷失方向。

从某种程度上说，处在底层，会与一些"小人物"为伍，很难学习到什么东西，而位居高位，则能给自己一个更高的理想。因此，在职位上努力向上攀登十分重要，对长远发展也是意义深远的。登高才能望远。当你提升一个职位，就有机会将周围模糊不清的东西看得更清晰了。

有一个刚刚毕业的年轻人，在一位经验丰富的朋友的指导下，精心制作了一份《个人完全推销手册》，仅面试一次就被一家大公司录用了，并且获得了超乎想象的高薪水。需要说明的是，年轻人并不是从底层一步步做起而获得高薪的，而是一开始就获得了副经理的职位。假设从普通的公司员工一步步做起，得到副经理的职位要花费不下10年的时间，所以，那本《个人完全推销手册》为这位年轻人节省了10年的时间。

小陈毕业后，找了份做助听器代理销售的工作。一开始，小陈就对这份工作感到不满足，不过他还是坚持做了两年时间。终于，他下定决心，一定要改变自己的现状，要成为一名销售经理。后来在他的不懈努力下，目标终于实现了。难得的是，这次成功使他获得了脱颖而出的机会。虽然只升了一级，但对他来说，这一级非常关键。

小陈取得了优异的销售业绩，引起了他所在公司的竞争对手——一家经营助听器的公司经理老韩的注意。有一天，老韩请小陈吃饭，说服小陈加入自己的公司，因为他可以给小陈更高的职位。为了考验小陈的实力，他被派往天津工作3个月。对小陈而言，一切又回到"零"的状态，需要自己一个人重新开始，挑战一份新的工作。他非常努力，表现卓越。没过多久，他便被提升为副总经理。

从这些例子中，我们不难看出，在职场中，**如果能站到更高的起点上，就会使你在竞争中处于更有利的位置，获得他人难以获得的机会，会攀升得更快**。然而现实中，很多人还是难以逃离从底层一步步攀升的宿命。要想在竞争中抢占先机，占据更有利“地形”，你需要有抬高自己身价的意识，这样才能在竞争中脱颖而出。而身价的提升，除了最基本的方法——努力工作增强实力外，还有一个办法是“自抬身价”。

在竞争如此激烈的现代社会，“自抬身价”是一种有效的生存手段。因为他人也许没有时间来充分了解你，或者对你估量不足，如果你适度抬高一下自己，就等于给自己标了一个新的价格。在现代社会，人就像商品一样，都有自己的身价。如果给自己的标价太低，别人可能会瞧不起你，相反，标个高价，别人会认为你了不起。

一般来说，自抬身价分两种情况。一是自身确实有价值，而别人评价不足；二是你有七分的才能，却出九分的身价。两种情况都可以自抬身价。

特别提醒的是，自抬身价要注意适度。首先，不要抬得明显超过你的能力，否则你抬得越高，摔得越惨。其次，抬身价要参考行情。如果你的身价低于行情，会给人一种“次品大甩卖”的感觉，别人也会把你当成廉价品，不予重视。如果你的能力也够，可把身价抬得高出行情一点。若高出太多，除非你快速提高自己，否则别人迟早会看不起你。

再有，自抬身价要掌握火候和时机。如果你不合时宜地四处兜售自己，容易给人造成自我吹嘘的感觉。如果你能在适当的时候自抬身价，比如有人需要你的时候、大家讨论到你的时候、别人问你的时候，就显得很自然，效果也会很明显。

越努力越幸运

只要你有能力，不在乎薪水的高低，不在乎工作的性质，你完全可以从底层做起，锻炼自己，最终你会一步步踏上事业的顶峰。

>>> 在基础中打磨，在目标上提升

许多有抱负的人一心只想一鸣惊人，而不去做埋头耕耘的工作。忽然有一天，他看见比自己工作晚的，比自己天资差的人，都已经有了可观的收获，他才惊觉到在自己这片园地上还是一无所有。这时他才明白，不是上天没有给他机会满足理想或志愿，而是他一心只等待丰收，可是忘了播种。

对自己的现状焦急慨叹是没有用的。要想达到目的，必须从头开始，从基础做起。正如一棵大树，要想茁壮生长，必须打牢根基。唯有从基本做起，按部就班地朝着目标行进才会慢慢地接近它、达到它。

从基础做起，我们要以务实的态度来对待工作。一个人要想搞懂一门技术最好从底层起步，然后在不断的上升中熟悉整个的运作环境和程序。所以，哪怕我们入行时的起点高，或者比别人有着更高的学历，都不应该以此来炫耀自己的本领，因为对于任何一个踏入新领域的初学者来说，一切都需要从头开始，从零起步。

对于刚踏上工作岗位的新人，**在基层中锻炼是最好的磨炼方式**。一些基本性的工作和事务可以让我们收起好高骛远的雄心，变得脚踏实地。在基础的工作中，我们的锐气和锋芒被磨掉，取而代之的是更多的耐力和韧劲。在机械重复的基础工作中，我们明白了责任的重要性，养成了执着、认真的工作态度。

1. 从低处做起，从基层干起

亨利和阿尔伯特是同班同学，两个人大学毕业后，恰逢英国经济动荡，都找不到适合自己的工作，便降低了要求，到一家工厂去应聘。恰好，这家工厂缺少两个打扫卫生的职员，问他们愿不愿意干。亨利略一思索，便下定决心干这份工作，因为他不愿意依靠领取社会救济金生活。

尽管阿尔伯特根本看不起这份工作，但他愿意留下来陪亨利一块儿

干一阵子。因此，他上班懒懒散散，每天打扫卫生时敷衍了事。一次，两次，三次，老板认为他刚从学校毕业，缺乏锻炼，再加上恰逢经济动荡，也同情这两个大学生的遭遇，便原谅了他。然而，阿尔伯特内心深处对这份工作抱着很强的抵触情绪，每天都在应付自己的工作。结果，刚干满了3个月，他便彻底断绝了继续干这份工作的念头，辞了职，又回到社会上，重新开始找工作。当时，社会上到处都在裁员，哪里又有适合他的工作呢？他不得不依靠社会救济金生活。

相反，亨利在工作中，抛弃了自己作为大学生——高等学历拥有者的身份，完全把自己当作一名打扫卫生的清洁工。每天把办公走廊、车间、场地，都打扫得干干净净。半年后，老板便安排他给一些高级技工当学徒。因为工作积极，认真勤快，一年后，他成为了一名技工。此后的日子中，他依然抱着一种积极的态度，在工作中不断进取，认真负责。两年后，经济动荡的局面稍稍稳定后，他便成为了老板的助理。而阿尔伯特此时才刚刚找到一份工作，是一家工厂的学徒。但是，他认为自己是高等学历拥有者，应该属于白领阶层。结果，在自己的工作岗位上，仍然把活干得一塌糊涂，终于在某一天又回到街头，继续寻找工作。

今天工作不努力，明天努力找工作。一个不轻视自己工作的人，工作中任何一件琐碎和不起眼的小事都会成为他成长和锻炼自己的机会，一个**尊重自己所从事工作的人，根本无须为他的未来担心。**

登高必自卑，行远必自迩。正如爬山，你只要低着头，认真耐心地去攀登。到你付出相当的辛劳努力之后居高远望，你就可以看见你已经克服了多少困难，走过了多少险路。

2. 打好自己的实底

大学刚毕业那会儿，李平被分配到一个偏远的林区小镇当教师，工资低得可怜。其实她有着不少优势，教学基本功不错，还擅长写作。李平一边抱怨命运不公，一边羡慕那些拥有体面的工作和优厚的薪水的同窗。这样一来，不仅对工作没了热情，而且对写作也没了兴趣。她整天琢磨着“跳槽”，幻想能有机会换一个好的工作环境，也拿一份优厚的报酬。

就这样，两年时间匆匆过去了，李平的本职工作干得一塌糊涂，写作上也没有什么收获。这期间，她试着联系了几个自己喜欢的单位，但最终没有一个接纳她。

然而，一件微不足道的小事，改变了她一直想改变的命运。

那天学校开运动会，这在文化活动极其贫乏的小镇，无疑是件大事，因而前来观看的人特别多。小小的操场四周很快被围得密不透风。

李平来晚了，站在人墙后面，踮起脚也看不到里面热闹的情景。这时，身旁一个很矮的小男孩吸引了她的视线。只见他一趟趟地从不远处搬来砖头，在那厚厚的人墙后面，耐心地垒着一个台子，一层又一层，足有半米高。李平不知道他垒这个台子花了多长时间，不知道他因此少看到多少精彩的比赛，但他登上那个自己垒起的台子时，冲她粲然一笑。那成功的喜悦和自豪，却是那样的清楚。

刹那间，李平的心被震了一下——多么简单的事情啊：要想越过密密的人墙看到精彩的比赛，就要在脚下多垫些砖头。

从此以后，李平满怀激情地投入到工作中去，踏踏实实，一步一个脚印。很快，便成了远近闻名的教学能手，编辑的各类教材接连出版，各种令人羡慕的荣誉纷纷落到她的头上。业余时间，她笔耕不辍，文学作品频繁地见诸报刊，成了多家报刊的特约撰稿人。如今，她已被调至自己颇喜欢的中专学校任职。

实力是立足之本。当我们的内心流露出一丝不屑、孤傲和自以为是的轻狂时，应当思考，是否有足够的实力来抵挡一切的挑战？当有困难摆在面前时，自己是否有足够的底气来战胜挑战呢？如果内心里仍感到有一点心虚，那么就先给自己脚下“多垫些砖头”吧。

3. 放低姿态，低就不等于低等

有位留美计算机博士，揣着一摞证件到电脑公司求职，但由于种种原因没被录取，其中原因之一就在于他的学历太高。他在三思后决定以一名打工者的身份出现，并很快被一家公司录用。他从一名电脑程序员做起，由于成绩突出被老板提升为部门经理，这时他亮出了学士证书。经过一段时间的研制，又有了新的突破，老板又指定他为系统软件开发的负责人，并进入公司的决策层，这时他又亮出了硕士证书。后来，老板又根据他的潜力，再次提拔他为公司副总经理并割让部分股权让他技术参股，他成为这里的老板之一，这时他才亮出博士证书。

从打工仔到老板，他只用了两年多的时间。人们在称赞老板有眼力的同时，更欣赏博士不怕被人“看低”，坚持从“低”做起的务实精神。

越努力越幸运

低调做人，高调做事。我们不可目空一切，最好能放低姿态，求取进步。不要抱怨别人没眼力，自己肯低就，干出名堂来自然会受重视。

>>> 成就就像滚雪球，越滚越大

竞争有如抢滩登陆，这个时候你没有退路，要有置于死地而后生的气概。后退，是汪洋大海，生还的希望是没有的；前进，尽管道路崎岖，甚至没有道路。崎岖的道路，你得踏平它，没有道路就开辟一条。这样等待你的会是成功的喜悦和收获的满足。

现实是残酷的。在人生的竞赛场上，冠军只有一个。成功者的背后，总有一些人被击垮、倒下。

要想不倒下，你就得抓住、抢占每一个机遇，击垮了所有对手。

凯勒尔是这样的一个成功者。他在第一时间把握机遇，第一时间采取行动，第一时间发出攻击，然后取得了令人羡慕的成功。

有哪一家航空公司的经理愿意穿上小丑的服装做广告？又有谁敢于把客机涂成《海底世界》杀人鲸的模样？在凯勒尔滑稽表演的背后，隐藏着前无古人的创造之路。

对西南航空公司的最初构想诞生在餐桌上。1967年，凯勒尔在圣安东尼奥市一家律师事务所工作。一天，他和一个名叫罗林·金的当事人走进了一个酒吧。罗林·金是一名优秀的飞行员也是一个杰出的商人，当时在得克萨斯州一家航空公司工作。他热情地向凯勒尔介绍太平洋西南航空公司和加利福尼亚航空公司的情况。加利福尼亚公司用两架飞机经营短程、低价的州内航线，市场行情看好。说到这里，金抓起一块餐巾，叠成三角形，分别代表达拉斯、圣安东尼奥和休斯敦。金的想法是：目前大航空公司都热衷于长途飞行，对短途飞行不屑一顾。如果我们能够组建一家航空公司，依照加利福尼亚公司的做法，开辟三市之间的航线，经营短途空运业务，将会有广阔的商业前途。

西南航空公司津津乐道的传奇有点像民间故事。但历史更真实。1967年西南航空公司筹建时，烽火连天。得克萨斯州原有的航空公司拒绝割让市场，西南航空公司必须为自己的生存而战斗。凯勒尔担任公司的法律代表，频繁出入得克萨斯州最高法院，为公司赢得了得克萨斯州天空的竞争权。他的人格魅力和斗争精神鼓舞着西南航空公司，这家小公司终于在1971年开始运营。

当西南航空公司挤进美国航空市场后，它立即遭到了其他各大型航空公司的激烈反击。

直到1975年，已成立8年之久的西南航空公司仍只拥有4架飞机，只飞达拉斯林斯敦和圣安东尼奥3个城市，在巨人如林的美国航空界来说，西南航空公司应是一位小矮人。但西南航空公司的经营成本远远低于其他大航空公司，因而它的票价也大大低于市场平均价格，吸引了大批乘客。面对西南航空公司发动的价格战，大型航空公司不肯示弱，它们与这个闯入市场的不速之客展开了降价大战。

对于绝大多数小企业而言，如果试图在价格上与实力雄厚的大企业进行竞争，那无异于自取灭亡。大企业可以凭借充足的财力为后盾，把价格压到比小企业还低的水平，与小企业拼消耗。小企业有限的资源很快会被耗干，从而黯然出局。

没有退路的凯勒尔绞尽脑汁压缩公司的成本，最后，西南航空公司不仅打赢了这场由它挑起的价格战，而且做到了任何一家大型航空公司都无法做到的低成本运营。从此，西南航空公司走上了发展的快车道。

在20世纪70年代，西南航空公司只将精力集中于得克萨斯州之内的短途航班上。它提供的航班不仅票价低廉，而且班次频率高，乘客几乎每个小时都可以搭上一架西南航空公司的班机。这使得西南航空公司在得克萨斯航空市场上占据了主导地位。

进入20世纪80年代，西南航空公司开始以得克萨斯州为基地向外扩张，它先是开通了与得州毗邻的4个州的短途航班，继而又在这4个州的基础上开通进一步向外辐射的新航班。不论如何扩展业务范围，西南航空公司都坚守两条标准：短航线、低价格。1987年，西南航空公司在休斯敦—达拉斯航线上的单程票价为57美元，而其他航空公司的票价为79美元。

到1995年，西南航空公司的航线已涉及15个州的34座城市。它已拥有141架客机，这些客机全部是节油的波音737，每架飞机每天要飞11个起落。由于飞机起落频率高、精心选择的航线客流量大，所以西南航空公司的经营成本和票价依然是美国最低的，其航班的平均票价仅为58美元。

低价位的西南航空公司航班成为美国乘客心目中的“黄金航班”。1994年2月，西南航空公司开通了前往俄亥俄州克利夫兰市的航线。到年底，克利夫兰霍普金斯机场的客流量比1993年上升了9.74%。该机场的一位经理说：“今年机场客流量突破了历史高记录，这些新增的乘客几乎全是西南航空公司送来或接走的。”

面对咄咄逼人的西南航空公司的扩张势头，许多竞争对手不得不调整航线，有的甚至望风而逃。例如：当西南航空公司的航班扩展到亚利桑那州凤凰城时，面临破产危险的美国西方航空公司索性放弃了这一市场；而当西南航空公司进入加利福尼亚州后，几家大型航空公司不约而同地退出了洛杉矶—旧金山航线，因为它们无法与西南航空公司59美元的单程机票价格展开竞争。在西南航空公司到来之前，这条航线的票价高达186美元。

一些西南航空公司尚未开通航线的城市主动找上门来，请求凯勒尔尽快在自己的城市开设新线。例如，斯卡拉蒙托市就派遣了两名代表前来西南航空公司总部游说，这两人一位是该市商会主席，另一位是该市机场经理，凯勒尔答应了他们的请求，在几个月后开通了这条新航线。在1994年，西南航空公司一共收到了51个类似的申请。

西南航空公司的低价格战略战无不胜，到1995年，凯勒尔发现已找不到什么竞争对手了。凯勒尔说：“我们已经不再与航空公司竞争，我们的新对手是公路交通，我们要与行驶在公路上的福特车、克莱斯勒车、丰田车、尼桑车展开价格战。我们要把高速公路上的客流搬到天上来。”

今天，西南航空公司已是美国第四大航空公司，它每年提供2200个航班，运送近5000万名旅客。在美国大航空公司中，西南航空公司的增长势头与利润水平也是无人能敌的。

从一家不起眼的小航空公司发展到今天美国第四大航空公司之一，是什么造成西南航空公司异军突起的？

最主要的成功因素是总裁赫伯·凯勒尔独到的眼光和他的发展战略：抢滩登陆，激流勇进。西南航空公司从创业伊始，就成功发展出它们的定位策略。凯勒尔自得地说："我们选择了独特而又恰当的市场定位，我们是世界上唯一一家只提供短航程、高频率、低价格、点对点直航的航空公司。"

越努力越幸运

崎岖的道路，你得踏平它，没有道路就开辟一条。这样也是等待你的是成功的喜悦和收获的满足。

Part12

打造强健的体魄，迎接生活的重压

谈到身体的问题，可能就需要老生常谈地说一句“身体是革命的本钱”。没错，年轻的时候，什么都好商量，身体一时透支，也看不出来有什么问题。但是，现在看不出来的，到后面都会凸显出来。所以说“拼命”这个字眼很形象，如果不注意身体，那你拼的，真的就是自己宝贵的生命了。养生，要从年轻时抓起，消耗的，总是要还的！

即使年轻，也不要透支体力

“透支体力”是我们的日常用语，许多人都有持续长时间休息不足的“透支体力”经验。长期透支体力的人当中，有些人感觉体力越来越好，也有些人明显感觉体力越来越差，但是仍然都能维持身体的正常运转，并没有立即出现严重疾病的症状。但是，这一切都只是因为你年轻！很多疾病都是在透支当中慢慢积累。等你没有那么年轻了，免疫力下降了，它们都会纷纷出来困扰你的。所以，不要再透支体力了，还是好好保养身体，坐下歇歇，躺下睡一会吧！

繁忙的工作以及生活的压力，往往使人的健康状况下降，身体透支，随之而来的就是人的天敌——衰老。**如果你觉得自己身体很好，透支一下也是挥洒青春的热情，请赶快收起这样的想法**。所有的疾病都在你的透支中逐渐埋下了隐患，所以，赶快先来检查一下自己是不是透支了，然后做一做补救，以后一定要注意自己的身体！

如果是这样，你的身体开始透支了：

（1）经常感到疲倦，忘性大。

（2）肩部和颈部发木发僵。

（3）因为疲劳和苦闷失眠，睡觉时间短，醒来也不解乏。

（4）经常不吃早饭或吃饭时间不固定。

（5）一天吸烟20支以上，一天喝 5 杯以上咖啡。

（6）一天工作10小时以上，周末也加班。

（7）每次洗头都有一大堆头发脱落。

（8）经常头痛、耳鸣、目眩，检查也没有结果。

（9）集中精神的能力越来越差。

（10）易怒、烦躁、悲观，难以控制自己的情绪。

除了这些现代生活带来的体力透支之外，另外特别需要强调的是，加速透支的四大杀手，请看看你是不是正在接近着四大杀手，如果是的话，赶快悬崖勒马，保护自己吧。

（1）人流。频繁的人工流产容易造成盆腔炎，产生各种并发症，对女性身体的伤害不可估量，人流后的女性在面对繁忙的工作以及巨大压力时，身体更容易透支。

（2）吸烟。吸烟会对卵巢有损害，使女性内分泌发生紊乱，体内的雌雄激素比例失调，加速更年期的提前，过早衰老。

（3）熬夜。熬夜对身体造成多种损害，最常见的就是疲劳、精神不振、免疫力下降，记忆力下降，甚至会出现神经衰弱失眠等情况。

（4）抑郁。年轻的女性特别容易受到情绪困扰，长时间的压力会造成情绪上的抑郁，抑郁的情绪又会给身体增加不必要的负担，加速身体透支。

如果身体的透支已经无可避免地发生了，那么，我们就需要进行补救和恢复，下面就给大家看看恢复身体的全攻略，给自己的身体一个舒服的放松吧。

（1）泡脚。每天在睡觉前泡脚对身体很有益处。人的双脚有很多穴位，用热水泡脚能刺激这些穴位，从而起到防治神经衰弱和失眠，加强神经系统锻炼，促进神经系统调节功能。

注意：一定要用热水泡脚，尽量选择木桶或者较深的盆，这样能保持水温，水温，一般应保持在60℃左右，泡脚后应注意保暖以免受凉。

（2）饮食。身体透支后一定要注意饮食方面的问题，如果这时候继续吃些没有营养的食物不仅不能恢复体力，反而加速健康状况的恶化。各种营养丰富的粥品是不错的选择，不仅有利于吸收，还能恢复肠胃功能。

注意：不能吃辛辣刺激性食物，这样不但增加了消化系统的负担，还使脸上容易长痘痘。应多食用各种水果、新鲜蔬菜、矿泉水、酸奶，帮助身体恢复健康。

（3）音乐。在多种减压方式中，听音乐是首选方式。音乐能够影响人的情绪，不同乐曲作用于人的感觉器官，使用乐曲的旋律、速度、音调等不同，可分别产生镇静安定、轻松愉快、活跃兴奋等不同的作用，从而调节情绪，稳定内环境，达到降压、催眠等效果。

注意：不同的音乐疗法适用的时间不同。一般来说，镇静、解郁的音乐应在晚上临睡前听，有助于睡眠和休息。而兴奋性的音乐最好宜在早上或上午听，使人精力充沛，意气风发。

（4）瑜伽。瑜伽风靡中国已经有些时日了，事实证明练瑜伽既可以塑造出魔鬼身材，又起到减压的效果。对于工作繁忙的女性来说，这是一种纯粹的让身心从日常繁忙的事务中得到解脱和彻底放松的运动方式。

注意：练习瑜伽时要选择安静、清洁、空气新鲜的地方，地上需要铺上松软的毯子，柔软度应控制在能轻松地保持站立，千万不能让脚下打滑；瑜伽练习时，穿着要尽可能简单，短裤、宽筒裤，上身衣服要宽松。

（5）面膜。身体的透支加上空调、环境污染、季节转换带来的温度变化，会使皮肤衰老、代谢减缓，造成肌肤水分流失，令皮肤粗糙、暗哑，这时候面膜就是快速而有效的急救措施。补水的、美白的、控油的，在各种功效的面膜中选出最适合你的，让皮肤吃一顿大餐。

注意：敷面膜之前必须先把脸彻底清洗干净，最好用温热的水。敷面时尽量使面膜贴紧皮肤，减少皮肤和面膜之间的气泡。这期间不宜说话、吃东西或大笑。因为这样不利于皮肤吸收养分，降低面膜功效的发挥。

最后，给大家看一个上班族透支后的恢复日程表，也许会对大家有很大的借鉴意义哦。

透支身体的健康恢复日程表：

当身体透支到极限时，需要一个恢复期，一起来看看健康恢复日程表，让你的身体在最短的时间里恢复活力！

9：00 起床时间到啦！不能睡太久哦，睡眠时间过长人的精神面貌会越差。

9：30 吃一顿营养丰富的早餐唤醒我们的肠胃吧。

10：30 为自己量身制作纯天然的减压面膜，给肌肤补充水分，舒缓疲劳。

12：00 自己亲手做午餐，以豆类食品为最佳。

13：30 在轻柔的音乐里开始舒适的午睡吧。

15：30 午休后可适量做些运动，把运动量控制在一定的范围内。

18：00 晚餐要尽量避免辛辣的食物对肠胃的刺激。

20：00 无论是看书还是看电视，都是放松心情的好项目。

22：00 洗一个舒服的热水澡，为身体的每个部位按摩，彻底缓解压力。

23：00 点上一盏香薰灯，在弥漫着怡人香味的空气里，进入梦乡吧。

越努力越幸运

年轻人应选择健康、舒适的生活和工作方式，避免因过度劳累、体力透支诱发不适病症，给自身造成伤害，得不偿失。

>>> 不要倚仗年轻就经常熬夜

不要总是认为自己的身体很好，熬夜也不会有什么大的影响，其实不然。经常熬夜有很多坏处。有些人原本一向身体健康，但在连续熬夜数晚后，突然第二天起床会觉得很疲劳，一闭眼就想睡觉，而且会腰酸背痛，但一到晚上精神又好起来！别以为这是小事！根据中医的看法，是因过劳而造成体内器官阴阳失调，就是体内器官起内讧，互相打架，说得可怕一点，最后会造成器官衰竭而死。

目前，由于生活节奏的加快，不少人感到白天时间不够用，常利用晚上去干那些白天未干完的工作，甚至成为习以为常的事。另外，五光十色的夜生活已在城镇兴起，有的深夜还泡在舞厅、歌厅里，看通宵电影或参加其他娱乐活动。

作为都市里的“晚睡一族”，明知镜子里的黑眼圈已惨不忍睹，也明知“男靠吃，女靠睡”的古训，可是，加班、聚会、上网、看碟、泡吧、蹦迪……夜生活越是丰富，我们似乎就越有理由纵容自己克扣睡眠，加入熬夜的行列。殊不知，熬夜大大减少睡眠时间，大脑和器官得不到休息调整，会给健康带来严重的危害。

睡眠是身体进行自我调整的时刻，你侵略它的时间，它便侵略你的健康，现在出现越来越多知识分子的“过劳死”，就是缺乏睡眠引起的悲剧。

从健康的角度讲，熬夜的害处多多。不规律的睡眠及压力，会影响内分泌代谢不完全，若经常熬夜最容易疲劳、精神不振，人体的免疫力也会跟着下降。感冒、胃肠感染、过敏等都会找上你。

如果长期熬夜，更会慢慢地出现失眠、健忘、易怒、焦虑不安等神经、精神症状。过度劳累使身体的神经系统功能紊乱，引起体内主要的器官和系统失衡，比如发生心律不齐、内分泌失调等，严重的就会导致全身的应激状态、感染疾病的概率相当的高，如果这还说服不了你，就来具体看看熬夜对一个“夜猫子”身心各个方面的影响吧。熬夜的危害简单地说有以下几个方面：

（1）睡眠不足会提高压力荷尔蒙的含量，令我们所感受到的压力迅速提高到新的水平。

（2）体能和精力都会因为睡眠不足明显下降，智力水平、集中精力的能力和决策能力也会受到不同程度的影响。

（3）不充足不规律的睡眠会严重影响学习进度，并将大脑单位时间内能摄入的信息量减少将近一半，学习新事物极易受挫。

（4）睡眠过少可能会让你在并没有处于困境的情况下也会感到压抑，心理承受能力明显下降。

（5）完美肌肤的大敌。熬夜不仅使脸色暗淡无光，还长满了暗疮，眼角鼻梁上也无可救药地爬上了细纹，眼睛也长成了“熊猫眼”，还会觉得脸部皮肤有紧绷瘙痒的感觉，或是有脱皮的现象。

熬夜给人体带来的危害远不止以上这些，不规律、不健康的生活方式，当然需要彻底改变过来，不过生物钟也并非一天两天就能调整到最佳状态的。因此，接下来推荐几种熬夜后的急救措施，在一定程度上可以使问题得到暂时的缓解。

1. 晚餐有讲究

皮肤在得不到充足睡眠的情况下，会出现水分和养分的过度流失，因此晚餐应多吃清淡的蔬菜水果、鱼等和补充一些含原花青素（葡萄子提取物产品）或含有甲壳素的保健品，以利于皮肤恢复弹性和光泽，同时可消除黑眼圈和使皮肤白皙红润。忌食辛辣食物和酒精类饮料，最好不要抽烟。外用含胶原蛋白、甲壳素成分的护肤用品。

2. 睡前需护理

熬夜过后倒头就睡是最不好的习惯。这时应先服用含天然膳食纤维的保健品（如罗汉果甜素、低聚糖等），既能润燥又有助于睡眠。

在彻底清洁皮肤后，喷上一层保湿喷雾，再涂上富含青瓜素、甲壳素、胶原蛋白等多种成分的面霜，不仅可以去死皮，还能修复皱纹令肌肤恢复光泽，效果显著。

3. 清晨最关键

（1）没睡几个小时就要起床，也许你头痛欲裂，这时一定要以冷水洗脸，同时服用对各种头痛有特效且无副作用的羚羊角滴丸，令你精神振奋，另外服用含原花青素、甲壳素的保健品，可有效消除眼部浮肿，淡化黑眼圈。

（2）大口呼吸新鲜空气，让脑筋灵活。做一些简单易行的肌肉放松动作，可以舒缓筋骨，达到减压效果。

（3）早餐可以稍稍偏重富含蛋白质的食物，如豆浆、鸡蛋等，可以给大脑补充足够的养分。如服用保健品可选用含卵磷脂、天然酵素（如含大量氨基酸、多种维生素和微量元素、富硒啤酒酵母的金华素）。

在此，给不同原因熬夜的人支几招，以减少熬夜的不适和伤害：

（1）经常在夜间加班工作或学习的人，应多食用富含蛋白质的食品如鱼类、牛奶等，另外可适量服用如含卵磷脂、脑细胞生长因子、金枪鱼油、牛磺酸等成分的保健品以补充脑力；如出现头痛时可服用羚羊角滴丸以缓解症状。

（2）夜间娱乐（打牌、卡拉OK、泡吧、蹦迪等）及夜生活透支者，容易导致阴亏阳亢而产生阴虚内热的症状，可服用以冬虫夏草为主要成分的滋阴补肾的药品和含香菇多糖成分的保健品来提高免疫力，同时服用含天然酵素的保健品如金华素迅速恢复透支的体能。

（3）无论何种形式的熬夜，人体都会出现体力透支现象和体内大量缺乏矿物质、维生素等微量元素，使人体处于严重的亚健康状态，因此建议服用含天然酵素的保健品（内含丰富的氨基酸及多种对人体有益的活性酶类、铬、硒、锌、镁、钙、铁等元素，能迅速恢复人体体能，使人体精力充沛，在日本已经成为风靡一时、广受重视的健康人士追捧的保健食品，目前国内已有此类产品生产并在市内一些大型连锁企业出售）。同时补充各种维生素，最好是服用以氨基酸螯合技术生产的矿物质及多种维生素的组合制剂。

当然，最好的办法还是不熬夜，早早睡觉，遵从老人家的教导：早睡早起身体好！

越努力越幸运

如果非熬夜不可，应注意自我调整。比如晚上熬夜久了，白天需要适时补觉，好好休息，让自己身体进入深睡眠。常常熬夜的人，建议定期检查身体，及时发现潜在的疾病。

>>> 吃饭不能随便，注意营养

不吃早餐？午餐敷衍？晚餐随便？是的，现代社会，你不是为了吃饭而活着。但是，你必须要好好吃饭。如果不好好吃饭，营养流失，支持你的“钢”没了，你这块“铁”还怎么奋进得起来呢？

不管有多忙，先放下手头的工作，好好吃个饭，再全心全意地投入自己的事业中去吧！

随着社会发展速度的进一步加快，很多人吃饭时草草了事，不注意营养。这对于身体是很不好的。尤其是现在的上班族，忙碌一天回到家里，吃饭经常是随便对付，可能一个蛋炒饭，或者简单炒一个小菜就打发了一顿正餐。这不仅会导致营养素缺乏，从食品安全的角度来讲，也是不好的。

李明是一家保险公司的职员，他和同事常常为去哪里解决午餐感到头疼。很多人午饭总是在外面打游击，只求填饱肚子就行。其结果是他的同事大多具有以下一些症状：

胃病：很多人都有这种经历，工作几年后，胃就不知不觉地出了问题，多数人以为是自己的社交应酬增多造成的，其实不尽然，主要原因就在于午餐的马虎。

精力不济：作为脑力体力双料重压下的现代职业者，经过了一上午的辛苦工作，如果中午只是胡乱吃一顿没有什么营养的饭食，那么午后的工作效率肯定会大打折扣。

厌食：很多上班族不是忙得没了食欲，而是午餐的游击战让他们吃倒了胃口。在小餐馆吃饭担心饮食卫生，再不就是因天天对着老一套的饭菜而丧失了食欲。

发胖：与之相对，人们在午间没有得到照顾的胃口通常会保留到晚餐时恶补一番，自家的菜味道合口，和家人相聚时的气氛也不错，自然吃得津津有味，不知不觉中就违背了饮食的规律：晚餐要少。时间长了不发胖才怪呢。

这几年食品安全的问题一波未平一波又起，值得注意的是很多有毒有害的食品并不会引起急性的中毒事件，而是带来长期的潜在危害，导致多种疾病。

要避免有毒有害食品的危害，一个简单的方法就是食物多样化，不要经常吃同一种东西。即使个别食物有危害，也不会造成太大的影响。**只有吃的种类多，才可以让体内各种毒素的浓度保持在引起伤害的水平以下，不至于对身体造成危害。**

比如，在时间少的情况下，可以做个“菜肉炒饭”，用萝卜丁、土豆丁、白菜、豌豆、炒鸡蛋、熟肉丁等，同大米饭炒制成炒饭。

这种“菜肉炒饭”不但集主副食于一体、营养丰富，而且操作简便、省时省力。

此外，炒菜时也不要每次就用一两种原料，可以把很多菜类，比如蔬菜、菇类、根茎类菜，以及肉类混合在一起烹制，可以摄取到更全面的营养。

《中国居民膳食指南（2007）》要求一般人群膳食指南共有10条，适合于6岁以上的正常人群。这10条是：

（1）食物多样，谷类为主，粗细搭配。

（2）多吃蔬菜水果和薯类。

（3）每天吃奶类、大豆或其制品。

（4）常吃适量的鱼、禽、蛋和瘦肉。

（5）减少烹调油用量，吃清淡少盐膳食。

（6）食不过量，天天运动，保持健康体重。

（7）三餐分配要合理，零食要适当。

（8）每天足量饮水，合理选择饮料。

（9）如饮酒应限量。

（10）吃新鲜卫生的食物。

总之，饮食要平衡，不能偏食。

营养的核心是“合理”，就是“吃什么”“吃多少”“怎么吃”，合理营养是一个综合性概念，它既要求通过膳食调配提供满足人体生理需要的能量和多种营养素，又要改变合理的膳食制度和烹调方法，以利于各种营养物质的消化吸收和利用；此外，还应避免膳食构成的比例失调，某些营养素摄入过多，以及在烹调过程中营养素的损失或有害物质的形成，因为这些都可能影响身体健康。

要想做到合理的膳食营养，应从三方面入手：

（1）合理的膳食调配。

（2）合理的膳食制度。

（3）合理的烹调方式。

营养科学告诉我们：**没有一种食物能提供给我们身体所需要的全部营养物质，关键在于调配多种不同的食物，组成合理膳食以提供机体所需的多种营养素。**

所谓膳食制度是指把今天的食物定质、定量、定时地分配食用的制度，在一天内的不同时间，人体所需要的能量和营养素的数量不完全相同，人的生理状况也不同，因此，针对人们的不同生活、工作及学习情况，拟定出适合他们各自生理需要的膳食制度是极为重要的。确定膳食制度要注意以下几个方面：

（1）用膳时间应和生活工作，学习时间相配合。

（2）进餐间隔时间不宜过长，也不宜太短，因一般混合性膳食胃排时间为4—5小时，因此三餐间隔以4—5小时为宜。大多数人一天主要活动在上午，因而要特别注意吃早餐，不吃早餐会降低工作学习效率，还会损害身体健康。

（3）全天多餐食物分配，通常早餐摄入的能量应占全天总能量的25%～30%，午餐40%，晚餐占30%～35%。

食物的烹调加工是使食物美味、可口，易于消化及对食物进行消毒，但在食物加工的过程中有些营养素会有不同程度的损失，应尽量减少，如做米饭时尽量减少淘米次数。

不要用力搓洗，不要丢弃米汤，油炸面食会破坏面粉中的维生素，应尽量少吃，蔬菜最好先洗后切，急火快炒，更不要先焯了再炒，煮菜汤时应在水开后下菜，煮的时间不可太长。

越努力越幸运

年轻人要积极行动起来，做到吃动平衡，规律生活，才能尽可能规避包括“三高”在内的各种疾病隐患。

>>> 即使身体好，也不要任性而为

年轻人总是仗着自己身体好，年富力强，对性生活就会过度迷恋。在如此频繁的性生活情况下，性系统长期处于一种超负荷工作状态，造成性系统负荷过重，性器官长期充血，没有足够的休息、恢复时间，长期下去，不堪重负的性系统就会出现功能紊乱，勃起功能受到抑制、关闭，就导致了勃起功能障碍的出现。而对女性而言，也会造成很多妇科疾病。所以，性生活，悠着点！

年轻人，血气方刚，经常会兴奋，可以理解。况且这个时代，提倡性生活自由。但是，如果不注意，纵欲过度，想做就做，那么，会对你的身体造成巨大的影响，具体来看看，先提醒一下自己吧：

（1）对男女双方而言，都会造成体力上的较大消耗，久之，必然造成体质状况的低下。随即也会影响精神状态，连思维能力、记忆力、分析能力等都会每况愈下。

（2）由于性冲动的连续与重复发生，无论男女都会加重性控制神经中枢与性器官的负担，经常性的劳累结果，物极必反，反而会引起性功能衰退，造成性功能的“未老先衰”。

（3）男子经常重复性生活，会延长射精时间，因为第二次性生活的射精出现时间肯定比第一次长，这就埋下了今后诱发阳痿、不射精、射精时间迟缓，性生活无快感，等性功能障碍的隐患。

（4）男子性生活后有一个不反应期，也即房事结束后有一段时间对性刺激不再发生反应。经常反复地重复性生活就会延长不反应期，也就容易引起性功能衰退。

（5）男子经常重复性生活，由于性器官反复与持久性地充血，会诱发前列腺炎、精囊炎等疾患，不但造成会阴部不适，腰酸背痛，还会出现血精。女子经常重复性生活，性器官始终处于充血状态，会诱发盆腔充

血，所谓盆腔淤血综合征，产生腰酸下身沉重等不适感觉。

（6）不管男女，重复性生活时，性满足程度会比前一次都要差，容易造成心理上的影响，认为自己性能力有问题，最终导致因心理与精神因素诱发的性功能障碍。

下面就是一个纵欲过度者具体遇到的烦恼：

几天前，小王为了自己的难言之隐来到医院，结结巴巴地道出了自己的烦心事——阳痿。尽管他才20岁出头。刚开始，大夫还以为他自己判断错误，可是小王坦白道，他两年前就已经有了性生活。因为年轻、身体好，而且觉得新鲜好奇，小王和女朋友的性生活非常频繁，基本上每天1次。

前不久，小王和女友分手了，百无聊赖，他迷上了上网打发时间。没想到，从迷上上网之后，小王沉溺于一些小电影和跟一些女网友聊天。由此，他向大夫坦承，自己经常在电脑前面自慰，有时候甚至还请假不上班，几乎一天都坐在电脑前。

他跟大夫说，几个月前就感觉有点不对劲了，只不过自己没太在意。后来，女友重新回到身边时，又是激动，又是对自己前一段的生活愧疚，他越来越发现自己出了问题。近一个月来，勃起总是有障碍，还出现了早泄。最后，大夫对小王的病情确诊为性功能障碍(ED)。

如果你也不注意节制欲望，那么很可能年纪轻轻就变成另一个“小王”。古代房中术中的“乐而有节”是关于性爱养生的最高准则和主导思想。早在马王堆汉墓出土的帛书《养生方》中就明确提出，“圣人合男女必有则也”。“则”就是“规律”，细说起来就是“乐而有节，则和平寿考”，**快乐而有节制地过性生活，可使人心平气和、健康长寿。**

要做到“乐而有节”，必须遵照以下六个方面：

其一，性事活动前应有一个充分的准备阶段，任其自然的产生。简而言之，即“动得其宜，先肾后心”。它强调的是，性爱要以发自内心的冲动为基础，然后再根据身体状况来实施。

其二，同房之前，要相互爱抚、嬉戏，这就是“先戏而乐，以达神和意感”。

其三，“男候四至，女候五征”，这是男女在性兴奋前的几种状态。它说明男女双方的情欲已动，心气和志，可以有进一步的欢爱了。

其四，听音察形，团结完成。古人强调，夫妻双方要善于观察对方的性兴奋反应与表现，采取相宜的方法，使彼此都能享受到性高潮。

其五，动而少泻，务在积精。精气被视为人的一大宝，性爱中，男性要学会积累精气。

其六，善用八益，如治气、致沫、知时、蓄气、和沫、积气、待赢、定倾；避免七损，如闭、泄、竭、勿、烦、绝、费。

越努力越幸运

因为纵欲过度，有性功能障碍的年轻人，可以多做运动，同时不要喝酒，不吃辛辣刺激食品，多吃蔬菜水果，还可以食用一些药膳进行调理。

>>> 旅行，一路行来一路歌

远离钢筋混凝土的城市，抽时间与自然进行交流。下决心独自一人在山上、海边或宁静的湖畔待上一整天，远离现代文明和舒适的度假地、宾馆和餐馆。你什么也不需要做，只需待在那儿，感觉这个地方是你自己的栖息地和家。坐下来，或悠闲地散步，全身心地接受你所看、所嗅、所感、所闻。**你会意识到你正在开始体验自己是其中一部分的宇宙的宁静、智慧和秩序**。看看天空，想一想你可能看不到但却知道它们存在的星星和所有其他星球。像它们一样，你在这个广阔的宇宙中有自己的位置。你开始有一种将此处当作家的归属感，要有耐心。你的内心可能会发出微弱的声音，抱怨这样做是没有用的，是在浪费宝贵的时间，是幼稚、愚蠢的，也可能会说你目前有许多重要的事情要做，不能这样什么也不做。但是仍要好好四处游逛，观察自然，好像你不知道自然是怎么回事似的。不管你内心发出什么声音，要迫使自己完成这个经历。如果你发现这是令人不快的，就坦然承认。你很可能会从中学习很多东西。

有时也不需要专门花钱精心策划整个旅游时间。找个周末，骑着车子，与几个好友或妻子儿女一块到外面去玩。沿路有花、有草，那该有多美！一路上，可以唱歌，说说笑话，打打闹闹，将不愉快的事情和压力完全抛在脑后。相信你一定会得到无与伦比的乐趣。

越努力越幸运

旅行教会我们热爱生活、热爱生命、在旅行中感悟人生，找到自我、找到快乐！在行走中学到热爱生命、享受生命、感悟生命的真谛。不断地行走，不断地收获，这就是旅行的意义。

>>> 坚持游泳，健康又长寿

对于20多岁的年轻人来说，最舒适的运动莫过于游泳了，既能强身健体，磨炼意志，又可去暑消夏。游泳好处多多，下面仅列几条朋友们最关注的。

首先，**游泳能改善人呼吸系统的功能**。水的密度比空气的密度大820倍，人在水中呼吸要承担13公斤重的压力。为了克服这种压力，呼吸肌必须用更大的气力进行吸气。

呼吸肌的气力增强了，肺活动量就会增大，经常参加游泳锻炼的人，其肺活量可达5000毫升，而一般人肺活量只有3500毫升。这样，经过锻炼后，能够充分吸入氧气，呼出二氧化碳，使体内组织细胞新陈代谢旺盛，对防治慢性气管炎，改善肺气肿有良效。

其次，**游泳能改善心血管系统功能**。水温比体温低，水的导热性是空气的26倍，人接触水时经常引起末梢血管收缩，继而发生适应性的扩张。这些因素，能大大增强心脏的功能，减少代谢废物在血管壁上的积累。

还有，**游泳能改善大脑皮层的兴奋性**。指挥功能增强，工作后若到水中游泳片刻，不管是谁，皆会感到精神振奋，疲惫消逝，周身轻捷。常参加游泳，可使脂肪类物质较好地代谢，避免脂肪在大网膜和皮下堆积形成肥胖病。

可以说，游泳是人们最喜爱的健身方式。然而，游泳并不是随心所欲的，它也要讲究科学，例如，不做准备活动的时候不要游泳。水温通常比体温低，因此，下水前必须做准备活动，否则易导致身体不适。

另外，在游泳前，先要请医生检查一下身体。因为在游泳的时候，人所消耗的体力比平时要多上8倍，所以患心脏病、活动性肺结核、肝病、肾病的人，不宜参加游泳。患红眼病、传染性皮肤病的人，也不要游泳，以免互相传染。

越努力越幸运

由于游泳的时候阻力远远大于空气，在水里面，每前进一步都要用比较多的力气，所以游泳的确可以让身体里面的多余能量消耗掉。所以，想四季养生，强身健体，塑造完美体型的朋友们，穿上性感的泳衣去游泳吧!

每天跑跑步，减压又强身

美国最新研究指出，20多岁的年轻人若坚持跑步，锻炼心肺功能，可保护脑力。当迈入中年时，其思维能力、记忆力都会更好，并有助于预防认知障碍症。这项研究始于1985年，以2747名年龄在18～30岁的健康成人作为研究对象。

在对研究对象心肺功能的测验中，研究人员要求他们在跑步机上全速奔跑，直到跑不动或气喘吁吁为止，受试者平均可跑10分钟。20年后，研究人员请受试者进行同样的跑步测验，结果受试者平均少跑了2.9分钟。再过5年后，研究人员请受试者参加视觉记忆测验，测试他们的认知能力，包括语言记忆力、大脑支配动作的速度及执行能力。

研究发现，25年前的初次跑步测验里，每多跑1分钟的受试者，语言记忆力测试的正确度就多0.12个字，无意义符号代替数字的正确度多了0.92个数字，且罹患认知障碍症的风险就会下降18%。

笔挺的西装、快捷的步伐、儒雅的气质……74岁的老人，钟南山身上却不见一丝老态。

钟南山只要一迈开步子爬山或爬楼梯，多数年轻人都得气喘吁吁在后面跟着，而钟南山则大气不喘，气定神闲。这背后的秘诀，则归结于他每天必坚持的跑步。钟南山跑步一般选择在下午，是在下班以后晚饭以前的时间。

无法坚持跑步的情况下，还会打打球、做些单双杠训练，见缝插针在跑步机上动一动。专家认为，早晨跑步对身体并非很好。因为早晨人的内脏功能处于完全放松的状态，如果进行锻炼特别是剧烈的活动，心脑血管会适应不了。

钟南山工作了几十年，也锻炼了几十年，“享受”了几十年，否则的话，“这样的年龄，又怎能承受那么多的工作？”

有人说跑步治百病，这话有些夸张，**但长期坚持跑步后，身体从内到外确实发生了很多有益的变化**。下面一起来看看跑步的好处吧。

（1）眼睛：坚持长跑的人每天都有1小时候左右的时间眼睛直视远方，这对眼睛是很好的放松休息。

（2）颈部、肩部、脊椎：经常坐在电脑前的人或多或少都会有一些颈椎、肩部的问题，正确的跑步姿势要求背部挺直放松，长期坚持会对颈椎及肩部的不适有很大改善。

（3）心脏：坚持跑步会让你有颗强大的心脏及心血管系统功能。在提高最大摄氧量的同时向身体各个器官输送的氧量大大增加，各个器官的工作质量自然大大提高。

（4）血液：有了强大的心脏血管系统，跑者的血液质量也好于常人，身体对长期中长跑发生的适应性改变可改善新陈代谢，减低血脂和胆固醇水平。

（5）肺部及呼吸系统：长期进行中长跑锻炼使肺功能变强，增大肺活量——进行规律性的长期长跑可发达肺部呼吸肌，使每次换气量变大，肺功能增强。

（6）腰部、臀部：跑步对身材的改变最先体现在这个位置，很多跑友都有过这样的体验，开始跑一段时间后，体重没有明显减轻，但是身材明显改善了，尤其是腰线变得更漂亮。

（7）膝盖：刚开始跑步时会遇到膝盖疼的问题，但随着循序渐进慢跑量的累积和力量的练习，膝盖都变得越来越结实。

（8）肌肉：除了看上去结实有弹性外，经常跑步的人肌肉组织也会发生变化，一定体积的肌肉中毛细血管的分布数量大大增加，能够更高效地汲取氧气、养分。

（9）肠胃：中长跑使人情绪饱满乐观，有助于增进食欲，加强消化功能，促进营养吸收，当然，更让人羡慕的是怎么吃也不胖。

（10）肌肉：长期中长跑可增强肺部呼吸肌、心脏肌肉、颈部肌肉、胸腔肌肉、手臂肌及腰部、臀部、大腿、小腿、足部等处的肌肉，使各处肌肉不易堆积乳酸或二氧化碳等代谢物。

（11）骨骼：长期中长跑可提高各关节的强度，韧带的柔软度，并增加骨骼的强度、密度，避免人到老年患退化性骨质疏松。

越努力越幸运

坚持每天跑跑步，不光可以锻炼身体，更重要的一点是，跑步能带给你快感，让你上瘾。不信，你就试试吧。

>>> 做做其他运动，打造强健体魄

“生命在于运动”是18世纪法国哲学家伏尔泰提出的著名论断。生命运动是高级的物质运动形式。现代社会中，随着经济、生活水平的提高，人们的物质需求得到了较高满足，开始追求高品质的文化生活。然而，快节奏、高效率的现代都市生活使人们长期处于竞争激烈、心理压力大、超负荷工作的紧张状态下。长期如此，造成了整体健康水平的下降，由于缺乏运动而导致的各种亚健康状态和各种疾病日益增多。你今天运动了没有？如果答案是否定的，那就快快出去补回来吧！

“生命在于运动”，运动是保证人体代谢过程旺盛的重要因素。《吕氏春秋·尽数》篇说：“流水不腐，户枢不蠹。形气亦然，形不动则精不流。精不流则气郁。”而华佗更进一步指出：“人体欲得劳动，但不当使极身。动摇则谷得消，血脉流通，病不得生，当譬犹户枢，终不朽也。”诸如此类的论述都强调要重视运动锻炼。

经常运动可以保持体力不衰，适当用脑可以保持脑力不衰。运动(体力的和脑力的)是延缓衰老、防病抗病、延年益寿的重要手段。

运动对改善心功能有好处。体育锻炼可以加强心肌收缩，改善心肌供氧，减少患心脏病的危险。在同一工作环境下，运动少的人比运动多的人容易患冠心病。锻炼也有助于心脏病患者身体康复，通过有计划地进行锻炼，循序渐进，就会慢慢恢复到原先那种健全而活跃的生活。经常打太极拳的老人高血压发病率不到同年龄不打拳的老人的一半。

运动可预防血管硬化。有位病理学家通过对数千具尸体解剖的研究，发现脑力劳动者的各种动脉硬化发生率是14.5%，而体力劳动者只有1.3%。运动可防止胆固醇在血管中沉淀，扩展动脉，减少血块完全堵塞动脉的可能性。

运动能提高大脑功能。大脑支配肢体，肢体的活动又可兴奋大脑，经

常锻炼可提高动脑的效力，提高回忆的效率，从而增强记忆力。

运动能强壮肌肉，灵活关节，改善肺功能，促进新陈代谢，增加肺活量。运动能使人精神旺盛，心情舒畅。人体在锻炼的时候会释放出许多有益的激素，能调节人的情绪和心境，增强抵抗力，有益于身心健康。所以，运动是保持青春的妙方，是延年益寿的良药。

随着身体健康状况的改善，思维一般会变得更加敏捷，这是因为脂肪变成了发达的肌肉之后，能加快体内的循环。而体内的循环加快以后，人体的主要器官——大脑就可以获得更多和其他营养物质。

运动成功后，你将会睡得更香甜，这并不是因为疲劳，而是因为精力更加充沛。睡眠的改善是因为身体各部分的工作效率提高了。虽然我们从科学上还无法解释，充足的睡眠对人体的作用，但是它对人体精力和体力的恢复，的确具有神奇的效果。 运动是指运动必须有足够的强度和时间长度才能产生一定的效果，所谓足够的运动，是指你需要出一点汗，但是也不能运动得太激烈，以免感觉酸痛、疲倦和乏力。适量的运动可以是每天快走40—50分钟，或是慢跑20—30分钟。

运动具有辅助功能，“辅助功能”的意思是指各部分互相作用的结果，将超过简单相加之和。简而言之，如果你在采用食疗方法的同时辅助运动，你将有意想不到的效果。运动的成功，将带给你满足及成就感，人类是需要成就感、需要鼓励的。当你的身体开始因为运动而变得灵活、脂肪转换成肌肉，并能够做以前认为不可能做到的事情时，你就会感到一种自我的满足感。不过，**要使运动成功，就像做其他的事情一样，需要努力、需要有恒心。**

说了这么多道理，还是给你支几招，看看年轻人怎样运动可以既节省时间，又保持健康吧！

小指拉环增肌肉——在地铁、公共汽车上使用吊环时，可以将小指、无名指、中指挂在吊环上，手腕向内，只用小指的力量。可以使腋下的肌肉变得更为结实，手臂的肌肉也会得到增强。此外，还有许多日常随时能做的肌肉锻炼法。学少林和尚双手合十的手势合拢双掌，用两手腕使劲互推；或张开两肘，使双手手指交握，然后互相拉引；等。每天只要各做

10—20秒钟，就有很好的效果。

洗澡巧练胳膊肌——一个人洗澡时，许多人都会放弃用手擦后背。其实这个动作是伸展胳膊肌肉的好机会。先用右手从右上方向左下方擦背，争取擦到左侧的肩胛骨，擦5次；然后再用右手由右下侧向左上侧擦背，争取擦到左侧肩胛骨，擦5次。换左手重复上述动作。

读报站直练体姿——读报纸时最好上身挺直，后背贴墙，膝盖弯曲90度，大腿保持与地面平行。每当你读完一条新闻后，站起来放松一下，然后重复动作，直到把报纸读完。

走螃蟹步练平衡——走螃蟹步其实就是侧面行走。两脚分开肩宽距离，一脚向侧面跨步，后脚跟进时仍保持肩宽距离；如此走下去。经常做这种练习，可以增强平衡能力。

夹纸片健美胸部——在腋下夹一张纸片走路，是健美胸部的好办法。坚持练习，手臂和胸部的肌肉自然发达起来。但为使肌肉保持柔软，走路时不要忘记做自由摇摆手臂的运动。

仰俯卧挥腿减脂——每次睡觉前或者起床时仰卧身体，在床上或地板上躺成一个“大”字，把右脚向左边越过身体挥出，用左手抓住其脚跟；接着换挥左脚，用右手抓住其脚跟。左右各做10次。对于运动不足的人而言，这种运动也许显得激烈些，不过运动后的快感是相当令人满意的。还可以将右脚向左边挥出，使其脚尖达到身体左边尽量远的地方着地；然后换左脚向右边挥出，做同样的动作。左右交替各做10次。要领是上半身不可离地，眼睛盯向着地的脚。能强化腹肌，消除腹部赘肉。

越努力越幸运

日常的健身方式还有很多。如上班尽量不要坐车，但不是随意地溜达，要快步行进；爬楼梯时采取上身前倾的角度，一次走两阶。每天如此运动，膝关节与股关节便能养成反射性的运动习惯，使韧带得到很好的锻炼。